INTERNET
产业
互联网
INDUSTRY

陈明亮 著

"互联网＋"时代下的传统产业大变革

中国财富出版社

图书在版编目（CIP）数据

产业互联网："互联网＋"时代下的传统产业大变革／陈明亮著．—北京：中国财富出版社，2016.10

ISBN 978－7－5047－6155－2

Ⅰ．①产… Ⅱ．①陈… Ⅲ．①互联网络－关系－工业产业－产业发展－研究－中国 Ⅳ．①F426.4

中国版本图书馆 CIP 数据核字（2016）第 117792 号

策划编辑 姜莉君		**责任编辑** 单元花			
责任印制 方朋远		**责任校对** 杨小静		**责任发行** 邢有涛	

出版发行	中国财富出版社	
社　　址	北京市丰台区南四环西路 188 号 5 区 20 楼	**邮政编码** 100070
电　　话	010－52227568（发行部）	010－52227588 转 307（总编室）
	010－68589540（读者服务部）	010－52227588 转 305（质检部）
网　　址	http：//www.cfpress.com.cn	
经　　销	新华书店	
印　　刷	北京京都六环印刷厂	
书　　号	ISBN 978－7－5047－6155－2/F·2597	
开　　本	710mm×1000mm　1/16	**版　　次** 2016 年 10 月第 1 版
印　　张	12	**印　　次** 2016 年 10 月第 1 次印刷
字　　数	166 千字	**定　　价** 39.80 元

前　言

　　"互联网＋"这一概念被李克强总理在《政府工作报告》中提出之后，引起全社会的极大关注。在《政府工作报告》中，李克强总理是这样讲的："推动移动互联网、云计算、大数据、物联网等与现代制造业结合，促进电子商务、工业互联网和互联网金融健康发展，引导互联网企业拓展国际市场。"这段话中有这样一些关键词：移动互联、云计算、大数据、物联网、制造业、电子商务、工业互联网、互联网金融、互联网企业拓展国际市场。因为是工作报告，不可能展开来讲，不过我们可以从中看出政府的关注点和推动方向。

　　不论加什么，总之"互联网＋"肯定不是简单的叠加，而是深度融合。互联网如同第一次工业革命中的蒸汽轮机、第二次工业革命中的电、第三次工业革命中的电脑，必将会给经济发展带来巨大的推动力。

　　其实"互联网＋"的行动自从1994年互联网进入中国之日起就开始了，这次《政府工作报告》专门提出来，主要有如下意义：肯定了互联网的价值和意义，发展互联网经济成为国家的战略决策，推动互联网在经济转型升级中的应用，鼓励基于互联网技术的行业创新。

　　对于"互联网＋"的理解不能望文生义，应作深刻解读。"互联网＋"

行动中所要改变的不仅是商业模式，还包括思想观念和思维方式。虽然侧重于"互联网＋传统行业"，但应在更大范围内解读"互联网＋"。经济的发展不是孤立的，那么"互联网＋"也就不应该是粗浅的，需要加的项目很多。"互联网＋"绝对不是让传统企业建个企业网站、多开几个网店那么形式化。

作　者

2016 年 1 月

CONTENTS

目　录

第一章

"互联网+" 到底是个啥

十几年前，许多人或许对互联网是什么还不太了解，但现在不论城市人还是农村人大都会上网，尤其是智能手机的普及，使越来越多的人接触到互联网。人们即便不了解高深的互联网知识，也大体知道互联网是什么，因为聊QQ、玩微信利用的就是互联网。但是，对于什么是"互联网+"，估计许多人不甚了解。因为这个概念也就是在最近一两年才出现的。其为人所熟知是因为在2015年两会的《政府工作报告》中，李克强总理提到"互联网+"这个词。

"互联网+"：被总理炒热的概念

2015年3月5日上午，第十二届全国人大三次会议上，李克强总理在《政府工作报告》中提出"互联网+"行动计划，"互联网+"这个概念迅速传播开来，并形成一股强大的时代潮流，人们开始思考并付诸实践。

将"互联网+"引入《政府工作报告》，说明政府对互联网业及其对经济的影响力的重视。政府提出创新经济，鼓励全民创新运动，而信息技术为创新插上腾飞的翅膀。在以互联网为标志的信息技术时代，"互联网+"成为必然，不管你重视不重视，它就在那儿。"互联网+"行动计划则更进一步地将理念上升为实践，任何好的理念只有真正落地，才能显示出其价值。"互联网+"不但使互联网企业本身受益，因此有了更为广阔的发展天地，也使得迷雾重重的众多传统企业有了重生的希望——"互联网+"是传统企业走出困境的必由之路。

互联网是推动当今社会发展的驱动力，网络已经无处不在，建立在网络基础之上的大数据和云计算等新的知识也开始逐渐被应用。互联网开始泛在了，也开始"移动"了，任何企业如果看不到这个现实，那么迟早会无路可走，被淘汰无可避免。政府提出要加大产业结构的调整，培育新的增长点，支持高新科技产品研发生产，如集成电路、新能源汽车、移动互联等。建立在网络基础之上的中国新经济时代已经拉开大幕，"互联网+"

成为发展的引擎。

对于"互联网+"，在《政府工作报告》中李克强总理谈得非常具体，说"要全面推进三网融合，加快建设光纤网络，大幅提升宽带网络速率，发展物流快递，把以互联网为载体、线上线下互动的新兴消费搞得红红火火"。李总理把网络作为经济发展的载体，把建设线上线下联动的立体经济作为目标。有政府大力的鼓励和支持，互联网这个经济的载体必将越来越可靠，发展会越来越快。

李总理还讲道，要"促进工业化和信息化深度融合，开发利用网络化、数字化、智能化等技术，着力在一些关键领域抢占先机、取得突破"，要"制订'互联网+'行动计划，推动移动互联网、云计算、大数据、物联网等与现代制造业结合，促进电子商务、工业互联网和互联网金融健康发展，引导互联网企业拓展国际市场。国家已设立400亿元新兴产业创业投资引导基金，要整合筹措更多资金，为产业创新加油助力"。这段话包含的信息非常丰富，提到很多概念，如"云计算""大数据""物联网""工业互联网""互联网金融""智能化""移动互联""电子商务"等。总体来讲，也就是为"互联网+"落地指出了一条实现的路径。

互联网为经济发展带来的巨大变化有目共睹，但目前的状态只能说是起步阶段，远远不是终极状态。企业意识到了这一点，国家高层也清晰地看出了互联网化是经济发展的大趋势。而且重点指出，"互联网+"首先要在工业制造业中实现，把大力发展工业制造业作为提振经济的"牛鼻子"看待。2008年的金融危机暴露了虚拟经济的脆弱性，美国也因此开始"工业制造再回归"。制造业是中国经济的基础，在重视金融的同时绝对不能放弃制造业。

长期以来，许多人把互联网仅仅看作是一种工具，而"互联网+"的概念使之成为一种动力，互联网不再仅仅是车轮，而是经济转型升级的发动机，必将极大推动经济大发展。

看到现象，也看懂本质

追本溯源是人的本能，自从"互联网+"的概念走热后，人们对于到底是谁最先提出这样一个"伟大"的概念的问题感到好奇。其实这个问题本身没有太大的意义，看如何去解读了。

2012年11月14日，在易观国际第五届移动互联网博览会上，易观国际董事长兼首席执行官于扬首次提出"互联网+"的理念。于扬认为，"互联网+"就是现在的产品和服务与多屏全网跨平台的结合。2013年1月24日，在前总理温家宝主持的座谈会上，阿里巴巴集团董事会主席马云曾建议把互联网和电子商务上升到国家战略，并呼吁要培养企业家精神，对民营企业不能开而不放。2013年11月6日，马化腾在一次发言时说："互联网加传统行业，意味着什么呢？其实是代表了一种能力，或者是一种外在资源和环境对这个行业的一种提升。"

不论"互联网+"是谁最先提出来的，但有一点似乎很清楚，推动这个概念的人都与互联网有关。易观国际虽非网络公司，但业务也是与网络有密切关联的公司；马云是电子商务的先行者，腾讯公司是网络公司。他们提出这样的概念明显有行业营销的意味，不过他们的营销正逢其时，顺应了时代潮流，符合产业发展的必然大趋势，所以得到了政府的响应和支持。未来的企业必须顺应互通互联的大势才能立足于市场，这一点毋庸置疑。

网络公司出于自身行业发展的目的，推动"互联网+"的概念，

主观为自己，客观为社会，但是经济潮流的发展变化背后少不了利益的推手，其结局是各种需求和利益诉求得到平衡。在2013年全国两会上，腾讯的马化腾就提出"规划互联网发展战略""将互联网企业走出去提升为国家战略"，小米公司董事长雷军也提出关于加快实施大数据国家战略的建议。

在诸如马云、马化腾等这些网络大佬的极力推动下，在2014年全国两会上，"互联网+"和"互联网金融"等概念被正式写入《政府工作报告》，成为国家经济发展的大策略，成为国家意志。从中我们可以清楚地看出经济基础对于政治的促动作用力，利益集团总会代自己发言，以改变国家的顶层决策。这样的作用力只要有利于社会，有利于经济发展，人们都会欢迎。

国家顶层力挺"互联网+"的概念，不论对于整个互联网行业，还是对于中国经济社会的创新发展都具有十分积极的意义。正如马化腾所言，《政府工作报告》中提出"互联网+"的概念，对全社会、全行业来说都是一个非常振奋人心的消息。

我们在研究"互联网+"的时候，不仅要看到其经济意义，还应该看到在这个概念背后的一些东西，思考在经济发展过程中，行业如何与政府互动，企业如何提出自己的利益诉求，如何说服政府支持。因为没有政府的支持，发展的效率就会很低。虽说如今是市场经济，但在中国的现行体制下，政府这只"无形的手"的作用力还是相当大的。"互联网+"概念的推出即是一个例证。概念提出的时候并没有引发社会反应，当得到政府支持变得名正言顺后，立即流行开来，成为十分火热的社会现象。对于这一点，都应该思考。

另外，政府也应该从中思考如何听取企业的心声，思考他们提出来的建议对于国家整体经济发展的意义和价值，调研其中的关联，只要是有利于国家经济大发展，就应当积极回应并予以支持。

IT企业大都是"+"企业

成功的企业肯定有成功的道理，最近这些年涌现出来的一批IT（信息技术）行业的成功企业大都遵循"互联网+"定律。比如，淘宝是"互联网+集市"，天猫是"互联网+百货商场"，腾讯可以认为是"互联网+游戏厅"，而早期的京东是"互联网+电脑城"等。"互联网+"定律首先在互联网企业被证明是成功的定律，如今在互联网企业的推动下，传统企业也开始应用这个成功定律。这不但有利于互联网企业开拓赢利市场，而且也有利于传统企业升级改造，一举数得。

"互联网+"已经被事实证明是最时尚、最成功的商业模式之一，越是简单就越是有效。作为互联网企业来说，是主动地去"+"传统行业；而对于如今的许多传统行业来说，也到主动去"+"互联网的时候了。由此看来，其实没有纯粹意义上的互联网企业，只有"互联网+"企业。如今一些成功的互联网企业，都是很早就把互联网运用到传统行业中，方才取得极大成功。这些企业并非高人一等、先知先觉，而是在自觉不自觉中应用了"互联网+"定律。因为这些企业的互联网特征比较明显，所以人们常常将它们认作是互联网企业。要说真正意义上的纯粹的互联网企业，是那些做互联网硬件和软件设施的企业。

诸如淘宝、天猫、腾讯、小米、百度、360、搜狐、新浪等则是正宗的"互联网+"企业。《政府工作报告》倡导社会要进行"互联网+"行动计划，其实这些企业早就行动了，早起的鸟儿有虫吃，他们已经占领了

"互联网+"的制高点，反过来把自己包装成互联网企业，以"互联网+"概念为营销噱头，将自己的产品打入仍然在坚守传统行业的企业。这也就说明一个道理，"+"无次数限制，可以"+"一次，也可以"+"无数次，每一次"+"都是一次商机。

凡是将互联网作为工具的企业都属于"互联网+"企业，而非互联网企业。互联网企业的工作对象是互联网，以制造和建设互联网的企业才是纯粹意义上的互联网企业，如网络硬件生产企业、网络编程企业、网络建设企业等。区分一个企业是不是真正意义上的互联网企业，其实很简单，看这个企业是把互联网当作手段还是当作业务目的。凡是利用互联网的便利性做其他方面的服务，不论与互联网的契合程度有多高，都是"互联网+"企业。所以不要仅仅听企业自己说，还要开动脑筋琢磨。企业将自己定位为互联网企业，有的是因为没有弄清楚什么样的企业才是真正的互联网企业，有的则是故意为之，给自己的企业品牌贴上新潮和高科技的标签，目的是品牌营销。

不论是互联网企业，还是"互联网+"企业，在互联网时代，谁都脱离不了互联网的作用力。即便是纯粹的互联网企业，反过来也必须得使用互联网——自己的产品来为自己的企业贡献效益和价值。离开了互联网，纯粹的互联网企业也会寸步难行。

对于互联网最为迟钝的是那些传统企业，越是传统则反应性越差。这些传统企业的经营者抱守"酒香不怕巷子深"的陈规，倚老卖老，认为还是老祖宗留下来的东西最好用，从思想观念上排斥新技术、新工具，排斥互联网，以至于如今经营得十分艰难，甚至面临消失的风险。许多原本很好的老企业都消失了，跟着企业一起消失的是很优秀的产品，这与企业和互联网脱节有很大关系。在行业内的竞争中，传统企业肯定要完败于"互联网+"企业。在商品终端市场，各种超市曾经占据绝对优势，而如今已经被"淘宝""天猫""京东"等挤兑得十分尴尬，即便说成是平分秋色也已经有点勉强了，将来谁都不好预估。即便是如今如日中天的"淘宝""天猫""京东"等如果不思进取，不与时俱进，在"互联网+"浪潮的冲击下，也将会面临窘境。因为"互联网+"的发展趋势是商业体系极度扁平化，产品的生产端口离终端消费端口越来越近，中间流通环节减少，效率极大提高，除了物流业仍然会继续发展，企业的中间业面临极大挑战。

"互联网+"意味着什么

看似很简单的万能公式，却有着很丰富的内涵。

首先，"互联网+X"是一种商业模式。商业模式是企业赢利的命根子，企业的终极竞争是模式的竞争。在中国，"互联网+X"的模式已经有十来年了，靠这个模式起家的企业不计其数，马云、马化腾、雷军等是最典型的代表。他们就是靠这种模式一步一步走向成功的，是这种模式的践行者。在《政府工作报告》中将这一模式作为国家经济战略，是对这种模式的肯定和推广。自此以后，必将有更多的企业对"互联网+X"模式投注更大的激情，使此模式在中国经济新常态下爆发出更大的能量，企业借助互联网的力量再现生机。

其次，国家已经将"互联网+X"视作激发经济的引擎。事实上，在网络泛在时代，"互联网+X"的确是企业发展的推动力。不论哪类企业，只要与互联网结合起来，就会找到新的机遇，发现意料之外的价值增值点。

最后，"互联网 + X"也是一种优化资源、提高效能的工具。互联网本身就是一种传递信息的高效工具，运用于生产经营，能使企业管理效率得到提升。即便不挖掘更深远的使用价值，单就作为传递信息的管理工具，"互联网 + X"也能显示出极大的实用价值。处于信息时代的企业必须要精准地把握客户个性化的需求，使产品更具针对性，生产一大堆产品摆着卖的模式越来越不适应未来的市场行情，单个企业的信息孤岛必须与经营链条上的各个节点链接，利用大数据分析，经过云计算，制定最有效的生产策略。互联网本身所能影响到的仅仅是厂家的信息传递和客户的购物体验，而影响不了价值链如物流和原料供应流程等。互联网仅仅是一种实用工具，只能给企业带来量的变化，而不会促动质变。相对互联网而言，"互联网 + X"则是一种质变，能从根本上改变结局。在 iPhone5（苹果手机 5）上市之前，苏宁依据网络调查数据预测消费者会因为爱屋及乌，iPhone4S（苹果手机 4S）会畅销，这样的预测似乎有点奇怪，但事后证明是对的。苏宁提前买断了一批 iPhone4S，结果大赚了一笔。我们从中可以体悟到互联网与"互联网 + X"的区别。

移动互联网只是影响了购物体验，供应链和物流并没有受到影响。互联网是工具，"互联网 +"才是方式。

除此而外，"互联网 + X"还是时代潮流，也是企业发展的方向。假如在十几年前，企业可以忽视网络对于企业的价值，但是在如今如果还认为网络对于企业来说可有可无，那么企业的前景堪忧。"互联网 + X"是未来所有企业的发展方向，所有的生产都将建立在多屏全网跨平台基础之上。

主动去" +"比被动适应要好，有的企业被逼到穷途末路的地步才想起来拿互联网来试一试，虽说"亡羊补牢，为时不晚"，但毕竟浪费了许多企业资源。主动将"互联网 + X"作为企业战略，对已有的管理模式进行网络化改造，使产品和服务及时转型升级，才能使企业可持续发展。

互联网由轮胎升级为引擎

自从互联网诞生以来，人们都将其仅仅看作是一种变革了的信息传递工具。互联网的确是一种工具，但它不仅仅是工具，"互联网＋"的概念将其升级为产业变革的引擎，使"互联网＋"成为一种新的经济形态。互联网由工具到引擎，无疑是人们在认识上的一次重大改变。回顾和总结许多如今已经很成功的创业，其成功也就是源自"互联网＋"这个公式：

"互联网＋传统广告"成就了百度；

"互联网＋传统集市"成就了淘宝；

"互联网＋传统百货卖场"成就了京东；

"互联网＋传统银行"成就了支付宝；

"互联网＋传统安保服务"成就了360；

"互联网＋传统红娘"成就了世纪佳缘；

"互联网＋媒体"产生网络媒体；

"互联网＋娱乐"产生网络游戏；

"互联网＋零售"产生电子商务；

"互联网＋金融"让金融变得更有效率……

"互联网＋"被关注不仅仅是因为李克强总理提到这个词，主要还是因为"互联网＋"的时代意义和经济价值。《政府工作报告》中，在"新兴产业和新兴业态是竞争高地"的标题下，李总理是这样说的："制订'互联网＋'行动计划，推动移动互联网、云计算、大数据、物联网等与

现代制造业结合，促进电子商务、工业互联网和互联网金融健康发展，引导互联网企业拓展国际市场。"虽然这是就我国制造业的创新而言的，但其实"互联网＋"的适用性远不止于此。"＋"的后面不仅仅指传统产业，应该是无所不包，有着无限广阔的延展含义和创新空间。"＋"之后可以是政府工作，也可以是智慧城市建设等。

由此看来，互联网的确类似于蒸汽机和电的诞生，"蒸汽机＋"引导了第一次工业革命，"电＋"点燃第二次工业革命，而"互联网＋"会不会引爆第三次工业革命？被互联网"一网打尽"极有可能。"互联网＋"会创造一个"连接一切"的世界，未来的世界一定是一个无网而不在的网络世界。网络必将改变企业的经营运作模式，改变人们的生活方式和思想观念，必将给刚刚驶出"高速路"，正处于前行的"新常态"中国经济带来无限的机遇。

几乎所有的人都能从"互联网＋"这个词中找到兴奋点，所有的企业都能想出提速增效的切入点。最先受到激励的自然是互联网企业，互联网从诞生之日起就被人们仅仅看成是新媒体而已，发挥的主要是传播的功能，"互联网＋"的说法使互联网名正言顺地成为社会生产力的重要组成部分。所有的企业（不仅仅是制造业）都可以成为"＋"号后的主体，使互联网成为创新的手段，成为经济发展的引擎，同时也为升级转型指明了方向。

点化了互联网的经济应用价值

"互联网＋"的提出和推广，赋予了互联网清晰的品牌价值。互联网自从诞生以来发展就十分迅速，在社会各个领域的各种应用层出不穷，但对于这种应用一直没有一个明确的定位和称谓。"互联网的应用"本身就可以将其视作为一种特殊的产品，要想使其发挥出更大的效能，按照品牌管理的理论，首先需要对其进行定位。"互联网+"恐怕是最贴切的定位了。

"互联网+"被政府正名和推广之前，其实中国社会已经在尝试各种"互联网+"事业，如互联网金融、互联网教育、互联网医疗等，大批企业如国美、苏宁、顺丰等都在积极探索"互联网+"的商业模式。"互联网+"则像商标名称一样为这样的创新事业打造出一个知名的品牌，使"互联网+"具有了更强的品牌影响力和产业推动力。

最强大、最有效的广告效应莫过于政府的号召，尤其由总理亲自做推广，这比其他任何形式都管用。自从"互联网+"被李克强总理写进《政府工作报告》之日起，这个词就彻底火了，在百度输入"互联网+"会出现数千万条的相关信息。我们身处其中的这段历史是中国社会创新激情高涨的时期，而创新驱动正是国家所推动和鼓励的国策。对"互联网+"的价值恐怕只有在若干年后，人们才会真正看清。"互联网+"绝非仅仅是个新鲜名词，它对社会和经济的渗透力极强，互联网在经济发展中所担当的角色将会越来越重要，其价值不可估量。

假如再过几十年回头看，21世纪初围绕互联网的新名词层出不穷，"互联网+"无疑是众多名词中很亮眼的一个。其实还有很多很有质量的新词，比如"物联网"即是一个具有超前眼光的词。当下人们热炒的概念"工业4.0"即是建立在"物联网"概念之上，受到各国热捧的词汇。在数十年前，美国人试图把电脑连接起来，果然连接成功，而且最后发展成为当今风靡世界的互联网。物联网所连接的不是电脑，而是所有的产品，不论将来能不能实现，单这一提法就相当有创意。试想一下，当一个杯子、一双鞋子、一台电视……都能够联网销售，必将颠覆传统的生产营销模式。再如大数据和云计算等概念，对产业升级的影响力不可估量。又如"智能硬件"，要实现产品的智能化生产就必须要有相应的硬件，这样的概念必然会激发无数人去研发，带动一大批人才和企业从事这项工作，从而推进科技的创新研发能力。

总而言之，"互联网＋"这一概念将来不但会影响中国经济，而且还会影响世界经济的转型升级。依据历史的经验看，经济的转型升级时期往往也是机会最多的时期，会有很多机会，是"蓝海"时期，是社会和经济的"红利期"。在这个时候进入，就会抢占到最有价值的先机，分到最为客观的市场红利。围绕"互联网＋"会大有文章可做。

从创业的角度看"互联网＋"

行业的嫁接必然衍生新的机会，而这些机会则是创业的优良项目，竞争性虽然也很激烈，但毕竟不是红海。新一届政府出台了许多鼓励创业的新政，如砍掉注册公司的门槛、设立创业基金以及优惠贷款政策等。创业首先需要考虑的就是项目的选择，这是成功的关键。选择项目有比较成型的理论，其中之一就是钻市场的"空子"。有市场需求，但这个市场才刚刚形成，这个时候进入难度会相对小一点，比攻别人已经占据了的山头来得轻松。

当下人们的创业激情很高，但环顾市场，发现能想到的项目都有无数人已经在做，竞争异常激烈，要想在这样的市场中分享到一点蛋糕，难度可想而知。政府不但鼓励全民创业，而且抛出"互联网＋"这样一个巨大的蛋糕，无疑是创业者们的福音。在十多年前，马云做了许多行业但都失败了，最后他选择了"互联网+集市"，成功了。如今"互联网+"仍然具有相当大的市场价值，只要选准"+"号后的行业，成功的概率相较而言则很大。

比方说，围绕物联网和移动互联就有很多商机。我国目前的移动互联技术已经相当成熟，而移动商业应用才刚刚开始，方兴未艾，有巨大的发展潜力。随着支撑移动互联的材料价格不断下降，智能硬件肯定是一个很火的行业，原因很简单，也就是全息互联是大势所趋，不容有丝毫的质疑。移动互联肯定不是互联网技术发展的句号，3G之后有4G，之后还会有5G等。现在许多本来从事移动应用的企业也都开始进入智能硬件领域，而且获利颇丰。当然，移动互联市场只是一个小小的例子，"互联网+"所提供的市场相当大，行业很多，每个行业又有许多细分，而每一个细分市场都潜藏着巨大的商机，比如文化行业的可视化阅读、金融行业的网络银行等，马云的余额宝就是"互联网+银行"模式。几乎所有的传统行业都可以网络化，网络化之后仍然处于不断改进的过程中，可想而知新的创业机会相当多，只要用心寻找，就一定能找到属于自己的创业机会。

国家已经将产业网络化作为基本经济国策了，互联网应用已经高高地站在经济发展的风口浪尖上了，从中央到地方，各级政府都在推动互联网与各行各业的结合，出台"互联网+"计划，行动比较快的如福建、贵州等地，"互联网+"的气氛已经十分浓厚。贵阳做的大数据产业链已经成为全国的标杆，很多跨国企业都在贵阳落了产业区。"互联网+"为创业者提供一个选择，一旦进入就必定是同行业的高起点，就会赢在起跑线上。

"互联网+"与"+互联网"

互联网企业急需寻求新的市场，而传统企业急需寻找转型升级的路径，两者有共同的需求点，互联网是传统企业的升级路径，而传统企业正好是互联网企业的新市场，于是"+"成为可能。一方面，"互联网+"是互联网企业主动出击，寻求下一个利润增长点，这次将"互联网+"写入李克强总理的《政府工作报告》，就是互联网企业积极推动的结果；另一方面，在政府的号召下，传统企业也需要主动采取措施，制订"互联网+"计划，实现企业的网络化改造。

若从互联网应用的广度和深度的角度来对企业归类，我国目前的企业大致可以分为以下这样四种类型。

第一类，互联网企业。这类企业的业务对象就是互联网相关应用，要么是硬件，要么是软件，要么是网络建设。比如路由器等硬件制造企业、像360这样专门服务于网络运行的软件公司、提供网络连接的网络运营公司等，这类企业是纯粹的网络企业。"互联网+"的春风最先吹绿的应该是这类企业，它们是最先受益者。网络的普及和深化带给这些企业巨大的业务空间。在未来数年乃至数十年，市场对于网络应用的需求会持续走旺。

第二类，半网络化企业。这类企业有一个共同的特点，就是公司的运作完全依赖于网络，但实质上所从事的业务仍然属于传统型行业范畴，并非完全创新，只是对传统业务作了深刻的网络化改造，是把传统型行业的"房子"从一开始就建造在网络这个"地基"之上。这类企业是最早期的

"互联网+"企业。像阿里巴巴、腾讯、新浪、搜狐这类门户网站企业往往被冠以互联网企业的名号，其实它们是早期的成功了的"互联网+"企业。

另外，在半网络化企业中，还有一种企业，它们的生产依然属于传统型或半传统型，但营销则完全依赖于网络，最典型的就是雷军的小米公司。小米创造出最成功的网络营销模式，是将互联网运用于产品营销最成功最彻底的企业。现在许多企业也都在利用网络搞营销，但仅限于网上发发帖子，建个自己的网站或者用网页守株待兔，这样的应用层次很低，不能认为就是"互联网+"。

这类企业在目前我国的"互联网+"企业中很活跃，它们并不满足于眼前的状态，都在进一步加大"互联网+"的深度拓展项目，如小米开始搞装修、360联合酷派开始做手机、乐视尝试做生鲜电商等。由于这些企业尝到了"互联网+传统业务"的甜头，也有成功的经验，而且积累了很好的品牌效应度，所以他们的胆子更大、步子更快、效果更好。

第三类，传统型企业。众多企业仍然归类于传统型企业，不论是产品生产、企业管理，还是营销手段，走的都是传统路线，与互联网的关联度不高。即便利用网络搞营销，也是停留在极浅的层次和极低的程度。传统型企业是目前我国需要网络化改造的重点，也是难点。传统企业的网络化改造不能照抄淘宝的经验，淘宝类半网络化企业属于"互联网+"企业，而传统型企业的网络化过程则是"+互联网"，思路和策略都有很大区别。

传统型企业的网络化改造任务很重，不可急于求成。正如李克强总理在《政府工作报告》中所指出的那样，需要制订"互联网+"计划，然后按照计划一步一步脚踏实地地施行。传统企业的"互联网+"改造过程不可能很快速，技术人才、管理体制、运营模式等方面的惯性很大，要想彻底执行网络化标准阻力很大，彻底变革需要耐心和时间，需要一点一点稳步推进，从流程再造、组织设置、业务升级等基础性工程入手，逐渐向网络化方向发展。

第四类，新创企业。创业者在开始的时候就需考虑这样的问题：是选择"互联网+"模式还是选择"+互联网"模式？像小米公司这样的半网络化公司的短板是地面操作薄弱，而像格力这样的实体经济体的短板是网络化程度不高。新创企业面对的是一张白纸，白纸正好写字，但也难，该写什么字需要精心策划。站在"互联网+"的风口上创业，就要力争使自己的企业起点更高。不论什么类型的业务，从一开始就高度网络化运作。

总之，不论是"互联网+"还是"+互联网"，其中心是互联网，互联网是所有企业都绕不开的主题，制订"+"计划是所有企业不得不面对的问题。不论是起步早如今业已成功的"互联网+"企业的扩张意图，还是如格力集团这样的有实力的实体企业的互联网突围，都面临机遇和挑战。

创新是"互联网+"的精神实质

改革开放以来，我国经济发展走的是低端产业路线，主要是低能高耗劳动密集型产业，贴牌代工为人做嫁衣裳。经过三十多年的磨砺、积累和沉淀，中国经济的体量和质量都有了巨大变化，向中高端转型具备了条件，且势在必行。政府提出的创新驱动是国家经济转型升级的大战略，"互联网+"正是在这样的大背景下被写入《政府工作报告》中，被人们所熟知，而且成为风潮。

不论是从"互联网+"概念产生的背景还是"互联网+"的本质内核

来看，创新是其精神实质，只有创新才能使之显现价值，才能对我国经济的转型升级更具有时代意义。目前国内陷入经营困境的大都是低端产业的低端企业，新创产业和新兴业态以及高端企业经营状况总体良好，也是市场竞争的高地。

可以预见，在未来一段时期内，创新不但是拉动中国整体经济的驱动力，而且也是企业求生存的最优"救生圈"。时下热炒"互联网+"不应只图形式上的相加，而应在创新的基础上使产业与互联网相融合。只有创新，才能使"互联网+"产生"1+1>2"的效应。

腾讯为什么能在市场竞争中始终处于主动地位，根源即在于腾讯在与互联网结合的过程中始终具有创新精神。从QQ、微博到微信，腾讯一直在创新，如今在移动支付方面也在加力创新。有人说腾讯垄断市场，其实腾讯的垄断是合理合规通过市场竞争得来的，而不是人为性的非公平竞争性的垄断。腾讯曾经在与360的竞争纠纷中，让用户在腾讯和360中自由选择，而不是通过其他什么手段强制人们使用腾讯。腾讯作为最早期的"互联网+"企业，制胜法宝在于不断的创新精神。比方说在App（应用程序）分发上，腾讯抛弃了别人都在用的套路，从娱乐的角度，从用户的社交需求入手，设计全新的分发平台，创造出应用市场新模式。

在"互联网+"的进程中，不但企业需要有创新精神，国家政策的制定者也要有创新精神，良好的政策才是最根本的保证。我国的网络运营商缺乏公平、公正、公开的市场竞争机制，主要靠行政干预而运行。垄断经营的结果就是资费居高不下，从十多年前的通话费奇高到现在的上网费奇高，根源是缺少了自由的市场竞争机制。在"互联网+"的环节中，网络运营商显然是影响最大的节点，政府层面应该平衡各方利益对其运营机制进行创新性改革。

美国的互联网每过几年就会发生很多变化，就会有划时代的产品问世，而中国则没有，十年前的互联网格局与十年后的基本一样，没有什么大的变化。中国要真正解放生产力，先得调整生产关系，在完善法制建设的同时，进一步放开政府对市场的控制，展现市场调节的主导作用。创新力不但决定"互联网+"的发展，而且也决定国家的经济命运。

互联网的发展就是创新的过程，从最初的内部互联发展到全球性互联，从有线互联发展到无线互联，从电脑互联发展到物联，互联网业在创新中高速发展变化着。多形式"连接一切"是互联网发展的必然趋势，多平台应用是互联网技术的必然归宿，只有创新才能为互联网提供一切可能。不论是个人，还是企业或国家，制约越多，创新力越差。践行"互联网+"要以创新为前提，开展各种形式的全方位创新，国家要放开，企业要放开，个人要放开。只有创新民主化，才能使创新无处不在，才能真正激发社会的创新激情。

隐藏在"+"后的玄机

"互联网+"这个概念好就好在"+"后面是空白，假如是"互联网+传统行业"或者其他什么，一旦被限定，那么这个概念的价值会大打折扣，会使人们基于这一概念之上的创新思维限制在狭小的空间内。

其实，"互联网+"的"+"后可以是任何一样东西，这样理解就对了。如果仅仅限定在传统企业如何利用互联网上，等于是陷入了思维的泥潭。只要能加出企业效益来就是好加法。不论怎么加，都改变不了商业之道。任何企业的生存都依赖于市场需求，在"互联网+"的行动计划中，仍然必须以市场需求为唯一导向，不能为加而加。

事实上不仅仅是互联网与传统行业的融合才能产生商机，不论什么行业都要把目光聚焦到消费者的需求上。"互联网＋"的最真释义应该是"互联网＋消费者的需求"，这才是正解。淘宝的成功不在于加了什么，而在于迎合了消费者的需求，消费者的需求决定产品的市场。作为"互联网＋"的成功典范，腾讯的成功也是在极大程度上顺应了消费者的人际沟通需求，所以才开发出巨大的市场。百度也是如此，搜索功能是百度的撒手锏，而正是这个撒手锏极大地满足了消费者日常生活和工作的需求，成为人们无法离开的产品。

"互联网＋"需要研究的不是你的企业和行业，而是如何使你的产品满足消费者的现实需求和潜在需求，这才是焦点。消费者的需求有许多层次，但终归是由生活态度和工作状态所决定的。每一个企业在"互联网＋"的行动中，都必须研究自己的消费群的消费特征。假如是家居行业企业，就需要预测未来人们的生活状态。未来人们的生活必将进入无线网络智能时代，比方说，上班时忘了关门、关电视，则可以在办公室用手机发出指令。家具家电家装产品就得符合这样的特殊要求，具有与之相适应的功能。

未来的社会是视屏网络泛在的时代，这中间无疑蕴藏着巨大的商机，市场的蛋糕很大，所有行业都有巨大的市场前景。改革开放后的前三十年，中国经济依靠巨大的基础性建设、高成本低利润的中低端制造业，依靠巨大的人口红利累积起来的消费市场，依靠出让地皮等带动 GDP（国内生产总值）一路高歌猛进，但目前这样的经济模式已经无法继续带动中国经济了，转型升级是唯一出路。

靠创新驱动是十分正确的判断，虽然创新本身有许多含义，但首要的是技术产品的创新。个人需要有核心竞争力，企业需要有拳头产品，国家需要有一流企业。具有市场强有力的竞争力，就得有"人无我有，人有我

强"的产品，创新是唯一出路。创新不仅指研发全新的产品，对老产品的有益改进也是创新。

"互联网＋"的"＋"后面完全可以是"创新"二字。"互联网＋创新"赋予创新新思路、新的生命力和新的创新模式，立足于互联网的创新不但是网络时代的客观要求，也是创新的"超车道"。比方说生产电视机的企业，为什么就不能设计一款基于无线网络之上的智能电视机呢？至于能够"智能"到什么程度，则要看如何制订"互联网＋"创新计划了。比如汽车行业，需要在智能化汽车方面多动脑筋，如何利用无线网络系统实现汽车的智能化。

消费者不关心产品功能实现的原理和过程，只关心产品能不能满足自己的消费需求。而企业既要关注消费者的需求，还必须要在生产过程中投注巨大精力，依据"互联网＋"这个公式塑造自己的产品。"互联网＋"是大致的路径，如何"＋"以及"＋"什么则需要企业运用辐散型的思维方式，凡是有利于企业增效的，凡是能够更好满足消费者需求的，无论什么都可以"＋"。

不是简单叠加，而是"1＋1＞2"

美国提出"工业互联网"的概念，中国提出"互联网＋"的概念，德国提出"工业4.0"的概念。从本质上讲，这些概念所指都是网络联通，虽然几个概念有所区别，但都是围绕互联网而言的。"工业互联网"和"工业4.0"所指都是工业制造行业，而我国提出的"互联网＋"不单针对工业制造，而且实用于各行各业，涵盖面更大，内容更丰富。中国的

"互联网＋"做的是互联网的加法，而美国的"工业互联网"则做的是互联网的减法，减去其他行业而只剩下工业，德国提出的"工业4.0"则是指工业制造进入网络化时代。

"互联网＋"不是简单的加法，也不是形式上的加法，而是通过在各个行业中加入互联网的元素，激活信息流量，从而带动物质流，使行业效率得到提升，增强行业的创新能力，从而推动整体经济的转型和升级，提升中国经济在国际市场上的竞争能力。"互联网＋"不能是赶时髦、图形式，而要有实实在在的效果，不能是"1＋1≤2"，而要"1＋1＞2"。

从国家的层面如何实现"1＋1＞2"的效果？

首先，必须弄清楚相关的几个概念。网络时代可以划分为"信息工具时代"和"经济应用时代"。我国开始大力倡导"互联网＋"概念，预示我国互联网已经进入"经济应用时代"，"互联网＋"是"后互联网"时代的典型象征。"后互联网"时代是信息社会进入智能社会的历史过渡时期，市场经济将全面信息化，信息经济成为经济的主流模式。其次，紧紧抓住"互联网＋"的历史机遇。我国的信息经济起步比较晚，但发展速度很快。把握好"互联网＋"的机遇，必将为我国新常态的经济转型提供动力，也为经济升级提供理论依据，是保证中高速高质量增长的保证。最后，推动"互联网＋"应以"两创"（创新、创业）为切入点，从政策和资金等各方面支持和汇聚创客力量，使我国经济大模式彻底从原来的要素驱动中走出来，跨入创新驱动的门槛。

从企业的角度如何实现"1＋1＞2"的效果？

第一，把"互联网＋"当作企业信息化的核心特征看待，从提升企业信息化水平的角度制订"互联网＋"行动计划。对工业制造业而言，信息化是工业3.0的基本特征，对于我国绝大多数企业而言，工业3.0的任务还没有完成，需要借助"互联网＋"的推动力加速信息化建设。如今国际上的一些工业制造强国如德国等都已经基本完成了信息化建设和改造而向着工业制造的智能化转型了，我国想要跟上工业制造强国前进的步伐，就必须首先尽快完成信息化建设。信息化是智能化的前提条件，先有信息化才能有智能化。

第二，创新是"互联网+"的灵魂，"互联网+"行动计划必须伴随着创新的号角，才能实现加法的价值和意义。比如小米的雷军开始做家装业，百度的李彦宏开始研制无人驾驶汽车，阿里巴巴的马云开始挺进金融业，格力的董明珠开始生产手机等，都是在"互联网+"行动中的大胆尝试与创新。不论什么内容和形式的创新，都需要鼓励和支持。

第三，以消费者需求为导向，为他们创造价值，贴近民心民意。有一家物业服务企业在"互联网+"的启发下，开发出一款软件叫作 City-Care，用于小区物业的智慧民生服务，通过社区居民的移动终端收集建议和意见，发动社区居民进行开放式的评论和讨论，从而推进物业服务质量，同时增进了物业管理人员与小区居民的相互沟通和交流。"互联网+物业管理"不是在办公场所开通 Wi-Fi（无线网络）那么形式化，而是要进行这样的服务创新，这才是"互联网+"的真正意义。对于其他各行各业，道理是一样的。比如在"互联网+"的推动下，上海浦东新区积极推进智慧城市计划，创新管理程式，研发以"政务云"和"云调度"为逻辑枢纽的"互联网+"城市管理模式。"互联网+"有没有取得成效，关键要看在利用互联网的过程中有没有产生创新成果。

第四，进攻是最好的防守，创业是最好的守业。所有的企业恐怕都想把自己的企业打造成百年企业，但当企业发展到一定阶段和一定程度的时候，企业管理很容易偏于保守，开拓进取心不足，企图"守住"既得成绩。真正的企业家要始终有创业意识，把每一天当作新的开始，把企业发展的每一阶段都看作是创业，只有这样才能保证基业常青。"互联网+"

不仅仅是技术相加，也要对思维模式和管理理念有所促动，始终保持昂扬的创业的精神状态。

第五，不图热闹只务实，既要与潮流接轨，又要见到真金白银的效益。李克强总理号召"互联网+"，所有人都动起来了。但这些人中也有许多是赶潮流、图热闹的，不是静下心来琢磨其中的道理，而是仅仅把"互联网+"成天挂在嘴边当口号。政府现在提出"互联网+"，在国际上看不算落后，不但不落后甚至比较超前。德国提出"工业4.0"是在2013年，美国提出"再工业化"和建设"工业互联网"的时间也不长。使"互联网+"真正落地，还要靠众多的企业家闻道悟道大胆行动，而不是跟风唱戏。

第六，不要隔断企业的历史，既要"启后"，也要"承前"。中国人一谈创新，脑子里冒出来的是全新的概念，其实对原有的东西进行改造、改进也是创新。任何事物的发展都是一个渐进的过程，"互联网+"也需要渐进思维。从互联网的发展过程中，可以明显地看出创新的渐进性。从PC（个人电脑）互联到移动互联，是逐步发展过来的。企业在"互联网+"行动中必须结合自己的实际情况，循序渐进，一步一个脚印地发展。尤其是中小企业不要迷信于"云计算""大数据"等对自己来说显然是很空洞的概念，而要琢磨"互联网+"带给自己哪些机遇。滴滴打车是中小企业"互联网+"的典型示范。

第七，跨行业思维。"互联网+"需要发散思维，不要为加法设限。比如，作为电商的京东和阿里巴巴开始在"互联网+通信"上动脑筋；作为传统连锁销售终端的苏宁也在"互联网+"的行动中，尝试"互联网+通信"模式。只要加法能够对企业产生正能量，就是好加法。

第八，顺应"互联网+"的要求，调整企业内部的生产关系，改造阻碍企业创新力的组织结构，提振企业环境内的创新民主化气氛。企业要兴

旺，单靠几位老板是不行的，必须激发集体创新力，调动团队创新激情。"互联网＋"再重要也仅仅是外因，要起作用还得靠企业的内因。如果企业管理落后，死气沉沉，员工没有激情，那么外部环境中，泛在的网络和数据，普适的计算，无所不在的知识，对企业来说都是零。"互联网＋"需从内部管理入手。

不论从国家层面还是从企业的角度，"互联网＋"行动都不能图热闹走形式而要实实在在见效益。如今的经济时代有三大特点，既是知识经济时代，也是技术经济时代，还是信息经济时代。"互联网＋"是这三大特点的衔接，也是这三大特点的增效器。十八大我国提出的新"四化"（工业化、信息化、城镇化、农业现代化）中就有信息化，可见信息化是我国最近一段时期的国策。习近平还专门指出"没有信息化就没有现代化"，可见国家领导对于信息化的重视。只有实现彻底的信息化，才能使我国由"制造大国"变为"智造强国"——而"互联网＋"是实现信息化的唯一途径。

第二章

"互联网+" 时代真的来了

"互联网"时代与"互联网+"时代虽然有联系，但不是一个概念。互联网时代早就来了，在十几年前就来了。20世纪末，PC开始进入普通百姓家。电脑普及后，互联网时代就已经来了。

　　早在1969年，美国就开始了互联网的探索性实践，过了20多年后，直到1995年，互联网才开始在全球风靡起来，人类正式进入了互联网时代。互联网时代至今也就20年时间，但互联网给人类带来的变化却是翻天覆地的，可以用"巨变"这两个字来形容。据统计，如今全球有三四十亿网民，几乎占到总人口的一半。互联网的兴起改变了人类的创新模式，也就是创新进入了2.0时代。对于实实在在的现实社会，互联网建立起了一个虚拟的社会，网民遍布全球各地，与现实社会相映生辉，互促互动。

　　如今互联网已经很普遍，而"互联网+"时代千真万确地来了。人们之所以不敢肯定其来没来，是因为许多人对于究竟什么是"互联网+"尚不甚了解。再过十年、二十年，人们或许都很少谈及互联网了，也不会谈起"互联网+"了，因为到那个时候，互联网就像现在的水、电、天然气一样，成为生活的基本组成部分。而"互联网+"也成为企业常态，大家都熟视无睹了。

无线网络是"互联网＋"时代的特征

无线网络极大发展是"互联网＋"时代的鲜明特征。

互联网对人类社会的影响不亚于"蒸汽机"和"电","蒸汽机"的应用造就了人类文明 1.0,"电"造就了人类文明 2.0,而互联网造就了人类文明 3.0。毫不夸张地说,互联网改变了整个世界。有线网络是互联网时代的初期特征,无线网络是"互联网＋"时代的特征。

互联网的本质是传递信息的工具,但不同的互联网有不同的传递效率,传递的手段也不同。互联网时代可以分为"前互联网时代"和"后互联网时代",有线网络是"前互联网时代"的物理特征,这时期互联网的主要功能是简单信息传递工具。无线网络是"后互联网时代"的基本特征,这时期的互联网不仅仅是简单信息的传递工具,而且是复杂信息的传递工具,互联网的功能越来越强大,越来越丰富。"后互联网时代"也可以称为"互联网＋"时代,互联网的应用领域越来越广泛,应用深度和密切度也越来越强。

实体经济电商化是互联网时代的特征之一。在整个互联网时代,会始终伴随着实体经济电商化的过程,自从有了互联网,人们都在以不同的思路和方式在"＋"了。十几年前就已经小有气候的电商如"当当""京东""淘宝"等,其实就是典型的"互联网＋商店",传统的各类商店都被"+"了，有卖书的，有卖电器的，有卖其他各类商品的。

与此同时也有电商实体化的趋势，不论是电商还是传统企业都会寻求"两条腿走路"的平衡发展模式。"互联网+"时代的前期主要是实体经济电商化，而到中后期必然会有一种虚实兼顾的商业模式。

无论什么时候，实体经济的市场地位是不可能被撼动的。网络说到底本质上是"壳"，不是经济的内核，实体经济借用网络这个"壳"会增效提速，而网络如果离开了实体经济则毫无价值。所以对于"互联网+"的认识不可拔高，应当实事求是，还互联网一个本来面目。认识清楚了，就不会在制订"互联网+"行动计划的时候舍本求末、买椟还珠。

"互联网+"时代的显著标志是无线网络。无线网络的兴起已经有好多年的时间了，但最近几年发展尤其迅速。随着相关硬件的跟进，移动互联的脚步一定会越走越快，越走越远。

无线局域网是"后互联网时代"的开端，"互联网+"时代才刚刚开始。"前互联网时代"成就了阿里巴巴、腾讯、百度、京东等优秀企业，"后互联网时代"是又一个新的机遇期，必将造就出第二批也是第二代的互联网时代的优秀企业和企业家。

两会是"互联网+"时代的标志

随着"互联网+"被李克强总理写进《政府工作报告》，"互联网+"就成了2015年的"风口"，人们明显感觉到从这个风口刮来的劲风。预计在今后几年，"互联网+"仍然会是一股强风，吹遍各行各业。"互联网+"被写进《政府工作报告》是进入"互联网+"时代的醒目标志，"互联网+"

时代到来了。

李克强总理不但将"互联网＋"提升为国家经济战略，而且还指出了"互联网＋"的落地方向，比如要推动移动互联网发展，使云计算、大数据、物联网与我国的现代制造业相结合，要大力发展电子商务，加快工业互联网建设，使互联网金融健康发展等。这些都是很具体的措施，是"互联网＋"时代的典型特征。李克强总理说："我想，站在'互联网＋'的风口上顺势而为，会使中国经济飞起来。"还说自己也有网购的经历，"我很愿意为网购、快递和带动的电子商务等新业态做广告。"因为它极大地带动了就业，创造了就业岗位，刺激了消费。李克强说自己曾经到一个网购店集中的村去看过，那里 800 户人家开了 2000 多家网店，可见创业的空间有多大。他还说到过一个实体店集中的市场，实体店老板说也开了网店，而且把实体店拍成视频上网，说这对购物者来说更有真实感，更有竞争力。李克强说："可见网上网下互动创造的是活力，是更大的空间。"

多少年前，国家对于互联网经济不是太重视，如今互联网经济已经被列入国家经济发展的重要策略，正式开启了互联网经济时代。到了 2015年，不论是国家还是企业，都无法再避开"互联网经济"这个词了。这是"互联网＋"被写进《政府工作报告》的时代大背景，也是时代发展的必然结果。

如今各行各业不管乐意不乐意，都离不了互联网。从产品设计到生产、销售、售后等各个环节，互联网已经成为必需的要素。互联网经济就是基于互联网的经济活动的总和，涵盖所有的经济主体，如职能部门和金融机构等。就当前的互联网介入经济的范围和程度看，主要是电子商务、商务沟通、信息收集以及线上营销等方面。开启"互联网＋"时代后，互联网对于经济的渗透力将极大增强，基于互联网的各种智能终端将涌现，商业将进入个性化定制阶段。2014 年，互联网经济在 GDP 中的比重还很小，才 4.4%，

略高于全球平均水平 3.3%。我国经济进入"互联网+"时代后，互联网经济必将得到极大发展，据估计，到 2025 年的时候，我国的互联网经济将占 GDP 的 22% 左右。

人们对"互联网+"有了极大兴趣

"互联网+"的概念开始提出的两年时间里，都没有受到热捧，而总理一提出后马上就走热了，为什么会这样呢？有三方面原因：一是"广告效应"原理，不论谁做代言推广人，社会效应肯定都没法和国家总理比，李克强总理做推广人，必然有轰动性的广告效应；二是当时提出这一概念的时候，国际国内的经济形势和目前的情况有很大区别，现在都接受了我国经济发展新常态的现实，经济下行压力大，各行各业在生存压力面前，升级转型的欲望高涨，很急迫，"互联网+"提供了一个上升的"扶梯"；三是人们对于新概念的新鲜感和好奇心。

第一个原因不多说了，说说第二个原因。"互联网+"真的能为企业带来新的机会吗？答案是肯定的。"互联网+"必将引领未来企业的发展方向，推进企业转变管理方式。"互联网+"不但对经济有巨大作用力，对于社会其他方面都会产生深远的影响。首先，"互联网+"将改变经济模式，使信息经济成为主流模式；其次，"互联网+"催生创新 2.0，互联网改变了知识和信息资源的呈现状态，传统的创新机制必将被迫重构，创新方式和速度得到极大跃升；最后，"互联网+"产生金融衍生品，产生互联网金融形态，催生普惠制金融。总之，在"互联网+"时代的推动下，世界将更明显地显示"地球村效应"，远程沟通普及化，企业间的合作便利化，市场交易便捷化。

　　关于第三个原因，这里不用多说了，只是解释一下，我们对于"互联网＋"必须要有正确的观念，要深刻理解"互联网＋"的内涵和价值，而不要为"互联网＋"而"互联网＋"。再好的东西必须与企业的具体实际情况相结合，不能照猫画虎，生搬硬套，否则不但得不到好效果，弄不好还会产生副作用。在如何看待"互联网＋"的问题上，应该全面分析，看到其带来的好的变化，也看到其中存在的问题。比如，在英国《卫报》上，曾经发过这样一篇文章，标题是《互联网是一场大骗局》这篇文章中有几个独到的观点，比如观点之一：互联网的基本精神本来应该是开放的和民主的，平台面前人人平等，信息开放，自由传播，但实际上许多事实却正好相反，互联网却将财富越来越集中到少数人手里，实际效果是互联网加剧了社会的不平等不公正。这个观点不能说完全没有根据，不论是许多依赖互联网而成功攫取社会资源的企业，还是互联网造就的一些所谓的"大Ｖ"，都使得互联网成为加剧社会两极分化的工具，而不是实现公平和平等的工具。观点之二：互联网经济似乎应该是草根经济，但实际结果是越来越成为垄断经济，倾向于赢者通吃的局面。这种情况在"互联网＋"的情况下，的确存在，值得深思。观点之三：互联网经济的"免费特性"以及所谓的"共享特性"对许多行业造成了明显的冲击，比方说媒体行业，复制粘贴现象对于原创作者的创新积极性造成打击，他人的创意更容易被侵权等，丧失了公平和公正性，这些都是互联网带来的显见的后果。所以值"互联网＋"的风口，不要仅仅图新鲜而不加思考，不论是政府还是企业，都要从自己的角度思考应该如何"＋"才是正确的方向。作为政府职能部门，要考虑如何防止"互联网＋"过程中的不良垄断现象，如何避免加速财富集中问题，如何从政策层面抑制赢者通吃现象。作为企业，需要积极探索适合自己的经济模式，思索如何克服"免费风气"和"共享经济"弊端等问题。总之，需要以实事求是的科学的态度看待"互联网+"，而不是蒙着头赶潮流。对于互联网带来的消极结果也要理智看待，冷静研究应对之策，既要看到真实存在的问题，也要增强"互联网+"行动的信心。当许多人将"互联网+"作为转型升级的绝对工具的时候，有的人内心产生了程度不同的焦虑和恐惧，感到形势发展很快，我却无从应对。"互联网+"无疑要摧毁旧的企业体制，建立新的适应时代发展潮流的新秩序，但也不应迷茫，需要积极寻找对策，权衡利弊，扬长避短，趋利避害。

人们对"互联网+"有了浓厚兴趣，开始有了"互联网+"初级思维。不论是企业战略还是企业管理，都能从"互联网+"的方向思考问题，这无疑是进入"互联网+"时代的典型特征。"互联网+"初级思维其实很简单，就是"产品思维+媒体思维"。现代市场必须重视用户体验，要将用户体验做到极致才行，比如操作使用简单明了、惊喜感、满足用户虚荣心等，这些都是紧紧围绕产品特性来思考的。而媒体思维指的是将"互联网+"仅仅作为一种媒体来看待，考虑如何利用互联网做营销推广等。不论是产品思维，还是媒体思维，目标都是客户，清楚自己的客户是谁，然后采取精准的营销手段，本质是谋取利润，这一点永远不会改变。至于如何从"互联网+"思维中建立自己的赢利模式，则各有各的思路。

"互联网+"初级思维，大致包括三个方面。

一是"互联网+"能带来什么——这是从利益角度考虑的。对于"互联网+"的概念人们在跟风的同时也表现出应有的冷静。人们对于互联网上惯于炮制一些新奇的概念都比较警觉，以至于有些人为了自己的利益，有意策划一些概念以引导市场，比如风险投资就需要概念。另外一些媒体为了博人眼球也需要新奇的概念。这些年来也出现过许多新概念，但事实证明都是些虚无缥缈的噱头。所以面对"互联网+"的概念的时候，人们会条件反射性地慎重看待。

二是企业有没有"互联网＋"的基因——这是从审慎和疑虑的角度出发考虑问题。"互联网基因"这个词其实在前几年就有人提出过，应该说也是基于互联网而产生的一个新概念。对于一个企业有没有互联网基因的问题各人有各人的观点看法，毋庸讳言，有些行业或企业的确缺少互联网基因，但事实上仅仅是量值大小的区别，应该说任何行业或企业都有互联网基因，这是由互联网本身的性质所决定的。互联网虽然以模式的形式出现，但它本身就是一种工具，所有行业或企业都需要工具，所以说哪个行业或企业不具有互联网基因显然没有任何理由。不过有一点确实很显然，越是传统的企业惯性越大，改变越难，而越是新锐企业对于"互联网＋"的灵敏性更高。比如银行业，虽然在利用互联网方面也一直在行动，但步伐显然很慢，所以马云说："银行如果不改变，那么就让我们来改变它。"阿里巴巴有了余额宝，银行也有了压力。所以"互联网＋"说到底比拼的还是反应速度，而不是有没有基因、有多少基因等问题。传统零售业在"互联网＋"的过程中反应慢，阿里巴巴取得市场主动权，并不是马云要灭它们，而是它们应该被"互联网＋"时代所淘汰。

三是考虑如何行动、如何匹配的问题。许多企业在思考"互联网＋"的时候很容易想到电子商务，其实电子商务的本质是商务而不是电子，商务是根本，而电子是工具。有些人总想仅仅依靠"电子"发财，或者有的企业认为自己是很强大的实体经济，不需要依赖"电子"，这两种认识都是错误的。"互联网＋"行动的真正意义是立足于商务，有效利用电子的手段，而非手里拿着电子工具去想办法套用商务，典型的实例就是淘品牌，许多迅速崛起的淘品牌很快就发现必须要补商务课。因为电子能速成，而商务没法速成。"互联网＋"需要对传统型企业转型升级，而不是由此产生许多空壳型的互联网企业。也就是说，"互联网＋"行动要在传统企业转型升级上多动脑筋，用好互联网，实现传统型企业的弯道超车。当然许多传统型企业的转型升级难度很大、压力很大，需要控制好转弯半径，转弯太急离心力就很大，有可能被甩出跑道。

上面仅仅是"互联网+"的初级思维，"互联网+"高级思维的站位更高，视野更开阔，看得更远。

"互联网+"的高级思维应该将焦点放在个性化、智能化的生产和服务上，实现的途径是大数据和云计算，利用的平台是物联网和工业互联网。利润模式也需要转变，以前的利润来源于成本与销售价的差价，或者价格的地域性差异，而"互联网+"时代的赢利模式是根据客户的个性化定制服务佣金得来的，这是一个很关键的观念转变，正是这个观念转变促进管理模式的转变，使服务水平发生质的变化。随着"互联网+"时代的到来，互联网会更大程度地介入到产品的研发、生产、营销、售后服务等环节，一个既能够满足客户个性化要求，同时又能够满足大量生产的新时代即将到来。

"互联网+"拉开了序幕

在"互联网+"被写入《政府工作报告》的同时，人们还注意到，李克强总理专门提出，要大力发展互联网电子商务、工业互联网和互联网金融。这三项内容被专门提出来，可见政府的"互联网+"行动计划中，互联网电子商务、工业互联网和互联网金融是优先选项。其中互联网电子商务其实早在十几年前就已经开始了，而且取得了不俗的业绩，诞生了许多优秀企业和企业家，如马云、雷军、刘强东、马化腾等，许多企业都或多或少进入到电子商务领域。互联网金融也已经进入初期试验阶段,李克强总理在 2015 年年初深圳视察的时候,专门调研了微众,微众银行是由腾讯作为第一大股东投资的互联网银行,是银监会批准的首批民营银行之一。李克强说:"希望你们不仅自己能杀出一条路来,而且能为其他企业提供经验,希望用你们的方式来倒推传统金融改革。"还表示,"你们是第一个吃螃蟹的,政府要创造条件,给你们一个便利的环境、温暖的春天。"李克强寄语微众银行:微众银行一小步,金融改革一大步。微众银行是国内首家开业的互联网民营银行,银行既无营业网点,也无营业柜台,更无须财产担保,而是通过人脸识别技术和大数据信用评级发放贷款。

得到"互联网+"的助推,工业互联网也开始启动。工信部制定了"中国制造 2025 规划",这个规划类似于德国的工业 4.0,都是要将互联网与工业制造相融合,使"工业制造"逐步走向"工业智造"。工业 4.0 的概念是在 2013 年由德国首先提出来的,被称为第四次工业革命,核心是工业制造智能化。在这方面我国与德国开展了密切合作,专门在青岛建设了试验工厂。工信部也早就提出许多实实在在的措施,以支持中国式的工业4.0。比如提出支持 1000 家工业制造企业进行高带宽专线网络改造建设,新增 1000 万个终端智能机器(M2M),支持 100 家大型工业制造企业的智能化试验和探索,在诸多领域开始进行数字矿山、物联网、智能化工厂试点。

据权威机构测算,工业互联网成熟并普及后,工业制造企业的效率将提高 20%,生产成本下降 20%,节能 10%。我国经济发展进入中高速的新常态,工业互联网将为保持稳定增长提供保证,据估计在今后的二十年,工业互联网可以为我国的 GDP 带来 3 万亿元增量。"互联网+中国传统工业制造"将首先惠及产品创新领域、互联网业、集成行业、数据处理等。"互联网+"将使互联网业务从消费领域扩展到生产领域,按需生产

的个性化定制时代会到来，产生诸如众包、众筹等形式的新的经济模式，远程医疗、教育以及异地协同都将得到极大发展，促进3D打印、智能机器、智能化车载系统等行业发展。

"互联网＋工业制造"将对传统工业提出挑战。比如在工业制造的生产和营销等方面，自由化必将冲击以往的固化的组织化，以互联网为技术支撑，形成直接的自由的随机的O2O（线上到线下）营销模式，极大削弱了甚至逐渐废止传统的营销渠道和终端系统，彻底颠覆传统的零售体系。在产品生产过程中，传统工业制造标准化、规模化的生产模式将不复存在，代之以用户体验为导向的个性化的定制生产。对传统的研发结构也会带来冲击，以往那种集中研发设计的模式已不再适用，研发设计将采取分散式碎片化的整合机制。创新活动去中心化，全民创新、大众创新、全员创业将成为必然的发展趋势。

股市是经济的风向标，对于"互联网＋"概念，股票市场也积极响应，与"互联网＋"相关的概念股迎风而上，渐显活跃，市场成交热情明显放大。

互联网相关行业越来越热

之前的三十多年，我国依靠传统产业如房地产、钢铁、煤炭、半手工化的低端制造业等实现了连续许多年的两位数增长。经过三十多年的发展，到现在粗放型经济的红利已经释放殆尽，再也无法靠高耗低能的低端制造业和基础投资带动经济发展了，必须要找到新的增长点。

与互联网相关的产业将成为下一轮市场热点。

第一次工业革命中，蒸汽机成为经济增长名副其实的引擎。第二次工业革命中，电成为经济增长的引擎，以电为主题衍生出无数的经济增长点。第三次工业革命在核能、新材料、太空技术、信息技术、计算机等的激发和带动下，经济呈现爆发式的发展。如今正处于后信息化时代，即将进入智能化生产时代，互联网将引爆第四次工业革命。在不久的将来，互联网如同电一样成为工作生活中的必备元素，人类将进入泛网时代。依据历史发展的经验，与互联网相关的行业必将成为最有发展前景的产业。

目前全球互联网业的市场价值大约 2 万亿美元，预计在今后五年内将达到 10 万亿美元的量值，体量成倍增大，对于生产总值的贡献越来越大。互联网及其相关产业将成为中国乃至世界的经济增长点，在这次浪潮中中国不能落后，中国企业不应落后。未来的网络将是人们必需的生活要素，也是企业必需的生产经营和管理要素。不论" + "与不" + "，互联网都将改变一切，人们的生活模式以及企业的商业模式都将发生翻天覆地的大变革。互联网势力的崛起必将带来无数投资的机会，将拉动传统行业升级换代。

自从互联网在全球普及之后，在全球范围内相继出现了许多"互联网 + "大型企业，如国外的微软、谷歌、亚马逊、苹果、甲骨文等，中国的腾讯、百度、阿里巴巴、小米等，这些企业都是很成功的大市值企业，引领着"互联网 + "新兴企业的时代潮流。随着人们观念的转变和互联网技术的不断进步，各种形式的跨界融合将会越来越热，存在巨大的发展空间，互联网业及其相关产业的投资价值越来越大。第二次世界大战后半个多世纪以来，全球顶级企业的前 30 名中，就有一半左右是互联网企业。在中国，虽然有阿里巴巴这样的巨型"互联网 + "新兴企业，市值超过 2000 亿美元，还有百度、腾讯、小米等这样的成功 IT 企业，但我国的总体水平还比较低。互联网业在我国的发展空间还很大，前景广阔。

受到互联网促动和反逼的不仅仅是传统型企业，其实 IT 企业也急需"互联网 +"，不"+"也照样面临被淘汰出局之忧。传统不传统是相对而言的，在快速发展的互联网面前，几乎所有的行业和企业都无法冷眼旁观，思维模式和商业模式都必须要相应改变。

互联网的能量巨大，不是世界改变了互联网，而是互联网正在改变着整个世界。互联网的属性越来越多元，是工具、经济形态、商业模式、生产要素、基础设施、经济增长点、发展引擎……想要它是什么，它就是什么。互联网的直接功能和延伸功能很多，能够降低成本是最为直接的功能，间接功能也很多、很明显，如可以刺激消费、有利于创业就业等。

1994 年互联网进入我国，开始的时候互联网在经济中的作用很微弱，连跑龙套的角色都算不上。在新鲜事物面前，人们都很好奇，进入热情和投资热情很高涨，但到 20 世纪末互联网泡沫破灭了，顶不住的 IT 企业销声匿迹了，咬牙顶住的企业不但生存下来了，而且成为后来的成功者，逐渐形成我国经济体系中的新兴经济形态，也就是互联网经济。最近十几年来，我国的互联网经济形态异彩纷呈，从最初建立的形形色色的各类网站，到后来重视网络营销宣传推广，再到电子商务的迅速兴起，后来有了如小米这样深度网络化的 IT 企业，如今的互联网已经呈现出遍地开花的局面，影响越来越广泛、越来越深刻，渗透到了几乎所有的行业，金融、教育、交通、餐饮、旅游、健康、物流等。在中国的新兴企业中"小米模式"最接近未来智能化制造的模式。

在不久的将来，互联网一定会像空气一样渗透到各个角落，会影响企业研发、生产、销售、服务等各个环节，在价值链的每一个节点都发挥作用。就我国的工业制造业而言，目前仍然处于信息化发展阶段的中期，信息化程度的总体水平与发达国家相比有很大差距。互联网将助推我国工业制造业的快速发展，实现工业制造的弯道超车不是没有可能。世界工业从手工操作到机械化，再到电气化，发展到如今的信息化，未来必将进入到智能化的时代，这一大趋势不可改变。"互联网＋工业制造"是在两会上李克强专门提出来的问题，可见国家对工业制造行业的重视程度。与智能化生产相关的行业如机器人行业等是目前乃至未来一个时期的投资赢利区。

从历史的角度看"互联网＋"

历史是一面镜子，"互联网＋"时代是否到来，我们可以从第一次工业革命和第二次工业革命中得到一些启示。在 18 世纪有了蒸汽机之后，蒸汽机在各行各业得到广泛应用，促成第一次工业大革命，手工工业开始向机械化转变，产品品质和生产速度都得到极大提高，知识的传播范围和速度也得到提升。19 世纪发明了电之后，电在各行各业迅速得到应用，人类迎来电气化时代。随着电力的应用，人类发明了许多新产品，如电灯泡、电话、电报、收音机、电视机、电动机等，人类开始有了汽车、飞机等依靠电力推动的交通工具，人们的生活状态发生了翻天覆地的变化。自从有了电子计算机，人类进入信息化时代，信息的收集和处理速度得到极大提高，信息储存也进入芯片化时代。基于计算机技术之上的网络则更使工业生产模式和人们的生活状态发生了巨大变化。网络普及至今 20 年的时间，发展速度异常凶猛，目不暇接。网络对人类的影响不亚于蒸汽机和电的发明，带来的变化有目共睹。对于网络是不是带领人类进入第四次工业革命这样的论断目前尚未得到完全统一，但网络的巨大影响力无人能够否定。

"互联网＋"其实就是在推动互联网的深入应用。假如说互联网真的是人类文明发展史上的一个节点，那么我们的时代已经进入了新的发展时代。企业都要做好准备迎接互联网带来的机遇和挑战，制订适合的"互联网+"计划。正如基于蒸汽机和电，发明了诸多新产品，基于互联网也将会有很多新产品问世。运用蒸汽机，运用电，运用计算机，运用互联网，完全可以类比，没有本质区别。蒸汽机、电、计算机、网络都不是中国人发明的，但在"互联网+"的行动中，中国不应继续落后，应该成为中国梦的一部分。"互联网+"的工业目标是最终实现智能化制造，但"互联网+"的意义不仅仅在于工业制造领域，而涉及各行各业的全社会，触及到所有人的工作和生活。中国人要立即行动起来，中国企业应该立即行动起来，积极响应国家"互联网+"的号召，投身"互联网+"的行动中去，创造自己的价值，创造企业的价值，创造国家的价值。

从历史的经验中我们还可以得到另外一个启示，就是面对"互联网+"时代的到来，不用惧怕，当然也不能等待，积极采取措施转型升级就可以了。比方说银行，在蒸汽机之前，在有了电之前，在使用计算机之前，银行都存在且正常运营着，区别仅仅在于工作模式不同，运营手段不一样，曾经是用笔记账和用算盘计算，后来是计算器，再后来是计算机，将来是智能化也就是机器人，区别是工作方式变化了，商务的本质不会变。当时代进入到"互联网+"时代后，银行业照样会继续存在，只不过运营模式需要尽快调整到"互联网+"的新模式，以适应时代变革的要求。对于其他各类行业来说，道理完全相同。

首先，要清醒地意识到"互联网+"时代已经真的到来了，从思想上重视起来，增强紧迫感和压力感，意识到不进行变革就会被时代潮流所淘汰。

其次，要从改变思维模式开始，制订"互联网+"行动计划。从产品设计到生产再到营销，改变老式的思维模式，不要再在传统的营销渠道想办法,而要依据互联网创新营销模式。尤其要改变产品研发模式,以往的研发是有了新产品就批量生产,然后进入库房,在营销终端开始铺货,诸如此类的思维不再适用于"互联网+"时代了。以前可以是营销为王,而在"互联网+"时代营销仍然很重要,但要改变战略思维,必须以创新驱动。"互联网+"时代是创新2.0时代,是基于物联网、大数据和云计算的创新,不再是在企业里面设一个研发中心,组织几个人在那里搞研发,而是以泛在网络为支撑的分散研发。比较典型的案例有开源软件、威客、创客、众包众筹等。比方说企业需要进行 VI(视觉识别系统)设计,可以上威客,不用组织内部人员设计。企业需要对一系列管理全面改变思维方法,探索适合的新模式。

最后,要在"结合"上动脑筋、下功夫。在"互联网+"时代,新兴产业和新兴业态无疑是竞争的高地,生物医药、集成电路、信息网络、高端装备、新材料、新能源等产业无疑居于金字塔顶,国家也会大力扶持这类产业。但绝大多数企业并不在此类行业之列,这就要在结合上下功夫——与互联网结合,与国家经济发展导向结合,与自己的实际情况结合。结合的目的是实事求是地确定自己的发展方向,发展方向也就是企业的战略。无论如何"结合",其本质还是创新。创新驱动是国家十分明确的发展战略,国家设立400亿元的创投基金,就是为了鼓励新兴产业的创新。

2015 年:"互联网+"元年

2015 年可以认为是"互联网+"元年,理由如下。

理由一:在 2015 年的两会上,"互联网+"被首次写入《政府工作报告》，掀开了"互联网+"火爆的大门，"互联网+"受到社会普遍关注，理论和实践活动十分火热。急于转型升级的我国传统企业找到了一个千载难逢的转型机遇，金融市场走热，国内外资本开始聚集，热钱也相继涌入，业界开始关注"互联网+"行动，"互联网+"已经大潮席卷而来，声势汹涌。

理由二：2015年也是中国经济进入新常态的第一年，一方面中国经济由高速增长转变为中高速增长，经济下行压力和保持稳定增长的压力都比较大，国家经济需要有一个理论的支撑，而"互联网+"正好应运而生。

理由三：2015年是我国实行经济结构优化调整的开局之年，各项调整政策开始全面展开和落实。当时我国经济面临许多难题，比如延续几十年的靠投资和靠出口等拉动经济增长的引擎失去了应有的效力，急需寻找新的发展动力。值此时节，"互联网+"成为新的经济发展的引擎。我国的工业、农业、金融等都需要一次比较彻底的升级改造，脱胎换骨之后才能激发出新的增长能量。许多地方、许多企业都开始进行试验工作，比如深圳开始建设"无人工厂"，建成后工作人员将减少90%。相比较而言，我国的网络发展水平和网络技术在世界上居于领先水平，这就为"互联网+"提供了强有力的保证。与此同时，我国的制造业、金融业、农业等仍然处于比较落后的状态，所以可以认为"互联网+"是我国落后的传统产业实现弯道超车的大好机遇。通过"互联网+"使我国相对落后的行业不论在生产效率还是营销能力上都得到提升。应该说，"互联网+"是中国经济的一次机遇，是中国所有企业的一次机遇。

理由四：2015年全球开始重视互联网的应用。利用互联网蕴藏的强大能量改造我国传统型企业成为历史的必然，也是世界经济发展的方向。德国的工业4.0以及美国的工业互联网等都是基于互联网之上，我国提出"互联网+"战略顺应了时代潮流。

理由五：2015 年是"一带一路"战略的重要开局年。亚投行正式成立并启动，标志着"一带一路"战略走下图纸，开始了行动阶段。习近平访问巴基斯坦签订了 400 多亿美元的投资合同，被人们认为是"一带一路"的奠基礼。在这样一个经济大背景下，"互联网+"必将以信息流带动物质流，与"一带一路"战略相结合，推动我国整体产业的发展，增强国际影响力。

"互联网+"元年做了什么？

第一，规避风险。企业因"互联网+"而变，变总比死水一潭好，但变化中也潜藏着暗礁险滩，所以要在行动过程中防范风险。对于每一个人，或者每一个企业，金钱的损失仅仅是一个方面，时间和精力也是有限资源，一开始就把路走对，尽量避免走弯路远路，这也是规避风险的一个方面。

第二，寻找机遇。互联网带给人们生活和工作的变化已经很多了，进入"互联网+"时代之后，整个社会都会有意识地朝向互联网，互联网的影响范围和深度必将更进一步。"互联网+"目前仍然是一片蓝海，蕴藏着很多机会，而机会青睐于善于发现机会的人。在"互联网+"元年就开始寻找机会，发现机会的概率相对就要大，等别人都占取了机会，再奋起直追就有点晚了。

第三，改革转型。迎着"互联网+"的风口，积极行动，稳妥行事没错，但不可在犹豫中错失良机。任何时候行动早的成功的机会就大，比方说现在的阿里巴巴、腾讯、百度、京东、世纪佳缘、盛大、搜狐、新浪、360 等，都是在第一轮"互联网+"行动中的胜出者，原因是多方面的，但起步比别人早半拍是原因之一。第二轮的"互联网+"来临了，对创业者无疑是一次机会，对于急于转型升级的企业更是一次难得的机会，应抓住机遇实现转型升级。转型不是转身，加进互联网的因素，对于原来的产品和管理进行升级，也是转型升级。全盘重新开始是转型升级，改良和改造也是转型升级，而后者更稳妥。

第四，跨界创新。针对自己的行业，研究在"互联网＋"的过程中有没有跨界拓展的可能和机会。比方说如今马云和马化腾都开起了银行，进入传统的金融领域，这是典型的跨界，也是最好的创新。格力空调开始造手机，这是传统型企业的大胆尝试。不论在什么时代，跨界本身就是一种创新。创新是一门科学，有理论可循，创新方法很多，不仅仅是跨界。

中国人早已"互联网＋生活"了

中国的网民是一个十分庞大的群体，不但数量大，而且逐年增加。这无疑是一个巨大的市场，潜藏着巨大的消费能量。这也是中国的"互联网＋"必将结出硕果的最有力的保证，其他任何国家都不具备。

中国网民现状从下面的数据中可见一斑：

据权威信息机构调查数据，截至2014年年底，中国的网民数量达到了近7亿人的豪华阵容，这个数量相当于两个半全美国的人口数量，相当于整个欧洲的人口数量，相当于五六个日本总人口的数量。在中国13.6亿人中，有47.9%的人受惠于互联网。再从另外一个角度看，中国用手机上网的人数将近6亿，这其中有将近1/3的是居住在农村的人。如今的上网方式有两种，一种是电脑，另一种是手机，这也是智能手机带来的巨大变化。据统计，在全国的手机拥有者中，有80%以上的人在使用手机上网。

从上面这些数据中，我们从另一个侧面看到了"互联网＋"的广阔前景，因为现如今网络可谓是无处不在，覆盖面很大，普及率很高。人们用手机上网，大概有这样几种用途，一是玩游戏，二是聊天，三是浏览网页，四是网上购物等商务型运用，如移动支付等。还有一个突出的特点，就是农村的使用率很高，已经不存在城市与农村的区别。这是一个十分可喜的现象，因为我国农村人口占比很大，网络在农村的普及率直接影响全国的互联网使用状况。

上到国家领导人，下到普通老百姓，都在使用互联网。李克强总理在开两会的时候就说，他自己也在网上购物，还网购了几本书籍。淘宝如今已经是家喻户晓、尽人皆知，除了网上购物，其他形式的消费也很普遍，比如团购已经影响人们的日常生活，吃饭、住酒店、美容美发等都可以在网上团购。以前的人们想了解什么只能从书本上找，而现在则上百度去搜就可以，"百度一下"成为人们常说的一句话。总而言之，自从有了互联网，也就开始了"互联网+生活"的行动了。以前是少数人在用互联网，如今是多数人都在用。互联网时代来了，"互联网+"时代还会遥远吗？

购物是人们很重要的生活内容，以前购物去超市、商场，现在则更多的是坐在家里通过网络购物，不但节省了时间，而且价格也要低得多，挑选余地不受物理空间限制，可以一会儿在北京挑，一会儿在上海挑，过会儿又去广州挑。总之网络购物比起传统购物方式来说，有许多优势。

说到网购，人们最熟悉的就是在网上下单，然后等快递公司敲门送货。其实网购形式也在"互联网+"行动中悄无声息地发生着变化，比如"爱奇艺"和"京东"联手，利用目前还为人所不熟悉的"视链技术"，举办了一场真人秀活动。大家比较熟悉电视上的选秀节目，对于互联网选秀还不熟悉。这样的互联网真人秀节目其实与购物是同步进行的，人们利用"视链技术"自动识别商品的各种属性和特点等，通过电商页面和浮屏视点等，观众一边看真人秀节目，一边可以随时购买商品——随视购、随时购。这是典型的电商"互联网+"行动，使消费者耳目一醒。

据权威机构统计，截至 2014 年年底，我国单次和多次网购的人数有三四亿，购物人群的一半是网购一族，而且全年网购额将近三万亿元。更有意义的是网购总额增长迅速，2014 年比 2013 年增长将近 50%。随着移动互联网技术的不断进步，网购人数和网购消费金额肯定会快速增长，电商也都在尝试用户体验创新，改进购物模式。

除了购物，人们的日常生活中还有其他许多内容，如乘车、看病、聚餐、娱乐等，可以说几乎所有的生活内容都有互联网的影子，互联网无处不在。所有的传统行业都开始了"互联网+"行动。比如金融业，在十几年前，人们对于网银还十分陌生，但是现在网银成为老百姓生活中的必需工具。除了网络被普遍使用之外，金融创新也时不时地亮人耳目。现在已经有了不需要办公大楼、办公室前台柜员机的网上银行，第三方互联网支付交易规模在 2014 年年底已经达到了 80767 亿元——这一数据比 2013 年增长了 50%。比如聚餐，可以在网上搜附近饭馆，可以参加团购优惠活动。再比如打车，现在有打车软件，不用再站在路边苦等，而是采取预约的方式。以往买火车票、机票都要到车站或者售票点排队购买，现在不需要了，在家里、在办公室就可以网上订票。其他各行各业也都在快速网络化，据预测，到 2017 年网络医疗市场规模将达到三百多亿元的规模，在线教育规模将在一两年后达到上千亿元的规模。在所有的 O2O 领域，网络化进程都十分火爆和迅速，如外卖、家政服务、悠闲娱乐、美容等行业，线上线下的融合度很高。

传统行业中原来已经"触网"的开始深化脚步，触角伸到更新更远的空间了。如新近推广出台的"我厨"，策划很好，很有新意。生鲜电商平台早已有之，但以"国内首家全品类生鲜电商连锁平台"为定位点，则填补了空白。"我厨"的优势在于"背靠"国内餐饮连锁大牌"望湘园"，走连锁化支援的服务模式，有得天独厚的经营优势，可有效降低采购成本和服务成本,经营管理能够快速化反应,必然有很强大的竞争力。而对于那些尚未真正"触网"的传统型行业或企业,值此"互联网+"的风口,也都跃跃欲试。

立足于"互联网+",与百姓生活密切相关的传统型行业和企业在升级,改变了企业经营模式和形态,也改变了百姓的生活状态和程式。如今互联网已经在深刻影响着人们的日常生活,但尚未到离不开的程度,不过在可以预见的未来互联网就如同水和电一样,离开了互联网日子就没法过了。

中国企业都开始做"加法"了

李克强总理把"互联网+"推向高台,引发全社会的关注,使"互联网+"成为2015年年初的一股强风,成为与"一带一路"等一样炙手可热的词。人们开始探究其含义,追溯其来源,解读其深意,发掘其外延。媒体连篇累牍地围绕"互联网+"写文章,政府各部门着手制订自己的行动计划,各行业各企业都行动起来找自己的答案,都想最先抢到"互联网+"的红包。

"互联网+"不仅仅是一个概念,还是一个世纪算式:"互联网+? =?"看起来简单,想想也不难理解,但是要得到准确的答案并不容易。不论是加号后面的问号,还是等号后面的问号,都可以有无数个答案,有很宽泛的选择空间,可以从很多角度去理解。加什么不是大问题,最难的是怎么加。

毫无疑问"+"号后面什么都可以加上去,大到工业、农业和金融,小到马桶盖与停车场，大行业、小服务都可以加，巨细靡遗。

　　李克强总理在《政府工作报告》中，专门提到"互联网＋工业"，对于如何加的问题，《政府工作报告》中也指出了路子，即以"移动互联网、云计算、大数据、物联网等"为依托，打造工业互联网，促进电子商务。在"互联网＋工业"行动中，工业互联网无疑将会成为"小风口"。《政府工作报告》中也提到了"互联网＋金融"，要求互联网金融要"健康发展"。还提到了"互联网＋互联网企业"，要求"引导互联网企业拓展国际市场"。在《政府工作报告》没有提到"互联网＋农业"，但抢到"互联网＋"第一个红包的却是"互联网＋农业"。2015 年 3 月 15 日两会闭幕，3 月 16 日的中央电视台新闻联播就播出了"互联网＋农业"的专题报道。

　　人常说股市是经济的"晴雨表"，因为行业特点的缘故，金融证券行业对"互联网＋"的反应很灵敏也很快。两会刚结束，金融业就开始"互联网＋证券业"的行动计划了。2015 年 3 月 15 日两会结束，"中国证券业协会"就在 3 月 17 日发出正式通知，要求券商立即制订"互联网＋证券业务"规划，并于 5 月 31 日之前上报。3 月 18 日"中国证券投资基金业协会"在深圳成立"互联网金融专业委员会"，并举办"互联网金融业务培训班"。更为直接的是有的人开始研究相关概念股，研究"互联网＋股票代码"了。事实证明他们没有错，两会结束后的第二天 A 股即应声大涨，互联网和物流等相关板块一路领涨，创业板也刷新历史新高——两市116 只个股涨停。分析师们很肯定地判断："毫无疑问，互联网主题是2015 年最主要的投资主线之一。"

　　广发证券在"＋"号后列出了五个答案，前面四个分别是"＋金融""＋医疗""＋O2O""＋教育"，第五个则出乎人们的意料，是"＋停车场"。平安证券则解读为"＋能源"和"＋制造"。国金证券没有确切说出"＋"号后面是什么，但却认为"＝"号后面应该是"提高效率"。国泰君安认为"+"号后面应该是"工业"。安信证券则坚定地认为应该是"互联网+农村电商"。他们都是证券企业,都是从金融投资的方面解读"互联网+"。

不同行业会有不同的解读,即便是同一行业,也会有完全不一样的理解和选择,这也正是"互联网+? =?"这一公式的精妙之处。不管怎么说,当各行各业都开始关注的时候,当大江南北的人都开始解读"互联网+"的时候,说明"互联网+"时代真的已经开始了。

"互联网+"成为国家战略

之所以说"互联网+"成为国家战略,是因为被写入了2015年的《政府工作报告》。众所周知,每年由国务院总理所作的《政府工作报告》由三大部分组成,其中第二部分就是"当年工作任务"。这一部分就是安排当年政府的各项工作,汇报这一年政府的工作计划和目标,说明当年政府工作的基本思路和主要任务,详细阐述工作举措和工作计划。也正是在2015年《政府工作报告》的这一部分中,李克强总理提到"互联网+"的问题,并进行了比较详细的说明。

由此可见,国家在2015年的工作中,"互联网+"是一项重要内容。换句话说,"互联网+"成为2015年政府的战略决策。

这足以说明,我国正式进入"互联网+"时代了。

对于国家来说,没有任何一份公文比《政府工作报告》更权威。各级政府每年都要出台各级政府的工作报告,而中央政府的工作报告统领全局。能够写入中央《政府工作报告》,绝对不是轻率而为的。我们知道,中央《政府工作报告》由起草到定稿，不但程序相当复杂，而且时间也很长，一般需要三个月的时间，由国务院办公厅组织专门人员起草底稿，之后交由国务院总理审阅，并经大会讨论通过。

"互联网+"写入《政府工作报告》得到了两会代表的称赞和赞同，都认为是顺应了时代发展的潮流，抓住了经济发展的大趋势。代表们围绕"互联网+"在两会上提出了许多很好的建议。比如马化腾认为，"互联网+"成为国家战略，应该从国家的层面制定更为详细的发展规划和指导意见，保证在标准、技术和政策等各个层面更快更好地实现互联网化，使互联网成为发展的关键元素。

"互联网+"之所以能成为国家战略，与互联网的使用价值是分不开的。互联网的运用不仅仅提高了信息传递速度和效率，还有其他许多随之而来的显性和隐形价值，比方说互联网因为具有开放性的特点，所以打破了信息的不对称，人人都可以公平地获取各种信息；互联网"压缩"了时间限度和物理空间距离，因而降低了交易的成本，提高了工作效率；互联网对于社会生活和劳动生产的专业化细分也有促进作用，各种各样的"圈子"的形成即是例证之一。互联网的价值有的已经开发出来并运用了，肯定还隐藏着其他许多尚未开发出来的功能。

我国经济发展到了攻坚阶段，传统行业和企业都急需转型升级，互联网显然是最可信赖的工具和渠道，或者也可以说是转型升级的方法和手段。"互联网+"之后会形成在继承传统的基础之上全新的高效的新业态，产生更适应市场需求的经营管理新模式，使服务更加符合消费者的价值观。

正因为国家高层看到了互联网的这些价值，洞悉到社会发展的大趋势，才将"互联网+"提升到国家战略，依靠政策的引领和规定性，将国家拉入"互联网+"的"高速路"——李克强总理所作的《政府工作报告》即是鲜亮的明白无误的"路牌"。

确切地说，"互联网＋"主要起到加速和推进的作用，因为互联网的运用早已启动，并且一直在路上。互联网与各行业的融合已经在进行中，而不是现在才起步，比如"互联网＋金融""互联网＋交通""互联网＋医疗""互联网＋教育"等早已存在。最近几年，农业互联网呈现由单纯的电子商务向生产领域渗透的明显趋势，工业互联网也呈现从单一的消费品向装备制造业以及能源产业等领域拓展的趋势。借助"互联网＋"的强风，会使互联网应用更迅速地发展，更深地融合到生产加工过程中，创造更大的价值。

李克强总理在《政府工作报告》中专门指出，要加强移动互联的发展。事实上移动互联必然是"互联网＋"风口中"风力"最大的领域。现在一些有前瞻眼光的公司都已经紧盯着移动互联，都力图利用移动互联实现业务拓展和升级。比如百度利用移动互联介入咨询服务，阿里巴巴使移动互联进入交易过程，腾讯则找到了移动互联的通信社交入口，他们的目的都是成为"互联网＋"的过程中互联网与传统产业的"连接器"，成为互联网与企业之间的"飞桥"。

对于工业制造行业，"互联网＋"更深层的价值是将移动互联技术应用于生产过程，最终实现完全的"机器人化"。一些企业已经开始进行"无人工厂"的前期试验工作，将互联网尤其是移动互联技术运用于生产控制过程。机械化生产是人指挥机器，而智能化生产是机器指挥机器。智能化生产的一大特点是可视化，而要实现可视化的智能生产，主要依靠的就是移动互联技术。在"互联网＋"时代，与移动互联相关联的行业必定是前沿领域，如机器人设计制造业。

互联网已经改变了这个世界，各行各业如零售业、金融行业、家电生产和服务行业、汽车设计生产和销售、农业、房地产、旅游、制造等行业都因为互联网而改变着。即便是在诸多行业市场遇冷的大背景下，与互联网紧密相关的行业却逆向发展，呈现前所未有的生机。

互联网与行业的融合不但是热门话题，而且也是推动经济发展的可靠动力。按照两点论的理论，越是传统的企业与互联网的关联度越低，一方面生存压力也就越大，急需升级或者转型，另一方面也说明其中蕴藏着巨大的商机。有智慧的人眼里处处是商机，没有智慧的人眼里处处是艰难险阻。随着互联网技术的不断进步，随着"互联网+"行动的不断推进，互联网必将爆发出更大的推动经济前行的正能量。

如今已经没有人会轻视互联网，也不敢轻视了。

在过去的20年间，互联网成就了一大批有作为的企业，如百度、阿里巴巴、京东、腾讯等。这些企业积累了丰富的"互联网+"的实战经验，为众多企业互联网化提供了宝贵经验，也为中国经济的转型升级提供了实实在在的方向和路径。在产业创新和跨界融合过程中，"互联网+"将发挥越来越重要的作用。

中国进入互联网发展的第二阶段

互联网进入中国是20余年前的事，高速发展是最近十几年的事。1994年4月，中国国家计算与网络设施（NCFC）工程连入Internet（因特网）的64K国际专线开通，实现了我国计算机网络与Internet的全功能连接，宣告互联网正式进入中国。现在回头看，1994年无疑是中国互联网元年，具有里程碑意义。

其实对于"互联网+"的理解应该更清晰点才好。互联网进入中国后，至今20余年时间里,更准确地说,这20余年才是真正的"互联网+"时代,特点是互联网表现出极大的主动性,四处出击去加别的东西。而现在所说的"互联网+"其实指的是"+互联网",更多的含义是各行各业要主动出击去加互联网。由于所有人对"互联网+"的认识问题,为了与大众认识"接轨",本书中所讲的"互联网+"大多都是指"+互联网"。要想扳正社会认识是一件难事,希望更多的人能够接受和认可上述说法,正确理解"互联网+"和"+互联网"的区别。

开始的时候,互联网的价值没有受到足够的重视,互联网作为一个新的行业为了自身的生存和发展,只能主动出击,为生存空间而拼搏,最好的办法就是依附于别的行业,"借光"而求生。任何弱小的事物在初期都会采取这样的策略,互联网也不例外。而当互联网的价值被人们所公认、所尊崇之后,酒香就不怕巷子深了,所有行业都会主动上门"求加"。行业发展与国家和个人是一样的道理,就如邓小平所说的"发展自己是硬道理",自己强大了别人才会对你产生实实在在的需求,你才会有价值。互联网的发展验证了这个道理,就在数年前大多数人其实都还很轻视互联网企业,仅仅视其为一种信息工具,国家正式的政策文件中很少提及互联网。互联网被国家层面所重视——互联网由民间上升到国家战略的层面也就是最近几年发生的事。

互联网成为国家意志,虽说是历史发展的必然,但如此快地被"正名",与像马化腾这样的企业家们的努力推介是分不开的,没有他们的"政府公关",互联网发展进程肯定要慢得多。所有的成功都不是偶然的,像马化腾这样的企业家能在短短数年间打造出巨大的"企鹅王国"绝非普通人能做到的事情。最近几年,马化腾一直在推动"互联网+"的概念,在2013年的两会上,马化腾的三项提案中,就为"互联网+"鸣锣,提出国家要制订互联网发展计划,要鼓励互联网企业走出去。2015年李克强总理的《政府工作报告》就有一句话是说"引导互联网企业拓展国际市场"。

2013 年两会上马化腾的提案中有如下四点建议：

①国家应积极参与国际规则和安全标准的制定；

②加强对互联网企业走出去的政策扶持；

③国家扶持互联网新产品的应用推广，鼓励互联网企业创新；

④加强政府的服务职能，为互联网企业走出去提供政策指导和信息渠道。

马化腾的这些倡议在两年之后的 2015 年得到政府的认可和支持，"引导互联网企业拓展国际市场"被写入《政府工作报告》。2013 年之后的两年间，包括马化腾在内的一些企业家开始提出并倡议"互联网＋"概念，这一建议又被政府重视并采纳作为国家战略。历来时代造英雄，英雄反过来会推动时代的发展。正是由于他们的坚持不懈，"互联网＋"这一概念最终演变成为国家战略。他们倡导"互联网＋"必定有自身利益的考虑，但客观上"互联网＋"对于目前我国的经济发展具有重大的意义和应用价值。

"互联网＋"的经济价值越来越被认可，越来越多地显示出来了。2014 年我国一些"先走了一步"的互联网型新兴企业相继上市，如聚美优品、京东、阿里巴巴等电商巨头。这是一个互联网发展阶段结束到另一个阶段开始的鲜明标志，证明国内一些"互联网＋"企业已经变得由大而强了，长达十年之久的持续投入终于结出了硕果，并开始步入下一个阶段——"＋互联网"时代。在"＋互联网"时代所有的企业都将面对很多发展机遇，尤其对于仍然处于传统经营的企业来说更要急起直追，借鉴已经成功了的"互联网＋"企业的经验，力争使自己的企业在互联网的第二轮发展阶段成为优秀的"＋互联网"企业。

只要稍作留意即可发现，在互联网发展的第一阶段，成功了的新兴企业大都是"销售成功模式"，都赢在销售上，这也是"互联网＋"时代的典型特征，仅仅是互联网应用的初级阶段，互联网更多程度上仅仅被当作了营销的工具。当互联网作为营销渠道和手段的红利被释放完之后，互联网的发展必须要进入第二发展阶段——"＋互联网"阶段。第二阶段的典型特征是互联网深入融合于产品的研发生产过程中，而不仅仅在营销层面起作用。

目前我国传统型企业处于转型升级的关键时期，正好可以抓住"＋互联网"的大好机遇，依托互联网加速推进改革升级，实现弯道超车。"＋互联网"是互联网作为一个行业的理性的商业回归，是互联网由虚变实的探寻。互联网由虚变实，传统型企业由实变虚，两者相向而行，就能撞击出火花。互联网业找到了新的附着点，而传统企业找到了好的提升工具，借助于互联网盘活存量资产，相互融合，两相得宜。在这一过程中，国家经济得以发展，传统型企业的命运有了转机，互联网型企业运营模式得以再造，百姓生活也会因此受益。

第三章

"互联网+"驱动下的商机

任何一项政策的出台都会带来获利机会，"互联网＋"的国家行动计划无疑会给商家带来许多投资的机会。

"互联网+"蕴藏巨大商机

所谓商机就是指能赚钱的商业项目，现代社会的商业十分发达，像空气一样存在于世界的各个角落，渗透于人们生活的分分秒秒。所有的行业都有人在做，只要有人在做，总是有利润存在，不然就没人愿意花费时间、金钱做无用功。所以说商业机会随时随处都有，关键问题并不在于有没有商机，而在于其他两个关键点：一是商机的价值大小，二是有没有能力抓住商机。商机与商机不同，有的项目利润空间大，有的即便有赚但也赚不了多少。另外，同样的商机对于不同的人来说价值也不一样，也就是说商机的价值因人而异。即便是被公认为高价值的商机，对于自身的能力和资源不足以占有这样的商机的时候，这样的商机也变得没有什么价值，利用不了也就无法实现商机的货币价值。对于商机，有一句话说得很在理："不在于做什么，而在于怎么做，由谁来做。"可见商机本身并不是什么高深莫测的神秘东西，真正的机巧反而在于做事的方法，以及自身有没有把握商机的资源和能力。一般来说，价值越高的商机需要越高的能力与之相匹配，低价值的商机则人人可为。如何才能抓住商机？要注意以下三点：一是要想抓住高价值的商机，就得在平时努力学习提高自身的能力，同时还得具有尽可能广和多的资源；二是同样的行当有的人能有钱可赚，而有的人则经营不下去，说明"怎么做"很重要；三是对于商机的价值大

小要有分析判断能力，能分辨出商机的优劣。

需求产生商机——从市场需求的角度也可以解释什么是商机。所谓的市场就是各种商品流通交换的场所，市场需求决定商品价值，而市场需求归根结底是人的需求。可见消费者是商机的创造者，商机的本源是消费者，消费者的需求产生商机，研究商机也就是研究人的需求。凡是有人的地方就有商机，人的需求可以扩展到由人组成的各种社会组织。这样看来，商机问题成了心理学问题，要想发现、识别和抓住商机就得懂点心理学。

以上的道理对人对企业都成立。

下面简单分析一下人的心理需求特点。

人的心理需求是一个十分复杂的现象，有本能的需求，也就是人作为一般意义上的动物属性时所具有的各种需求；也有非本能的需求，也就是人所具有的高度发达的意识能力所产生的需求。不同的人有不同的需求，同一个人在不同的年龄阶段以及不同的时间和环境下需求也不一样，不同的研究方法和角度会得出不同的结论。本能需求属于低级需求，是由生理的本能反应所产生的需求，比如吃饭、喝水、睡觉等。非本能需求属于高级需求，是由人的意识所产生的各式各样层次不一的需求。除了个人需求，人的需求还会以组织为载体反映出来，也就是所谓的社会需求。不论是哪类需求都会产生商机，商品提供者从中以货币的形式收回劳动成本并适当赚取利润。

通过上面的分析我们可以看出"互联网＋"蕴藏着巨大的商机。之所以是大商机，是因为"互联网＋"的需求是国家层面的大需求，牵涉面十分广泛，会带动所有行业的无数企业联动产生各种各样的小需求，由此产生无数的商机。中国是一个有 13.6 亿人口的庞大的国家，有三四千万各类企业，国家层面的大需求必然最终会触动所有人的需求神经，都试图按照自己的意愿在"互联网+"的大变革中有所得。不论是国家、企业还是个人都想在这个过程中能更快地赚更多的钱，爱钱不是罪，赚钱是商业的本质，这样的需求毋庸置疑，也不必避讳，赚钱的需求是一致的。金钱在国家口袋、企业口袋和个人口袋转换的过程中，会极大地促进经济发展。所谓的经济增长点其实就是刺激经济的支点，我国的基础设施建设充当过经济增站点，房地产投资也成为过经济增长点，时下的"互联网+"无疑也将成为新的经济增长点。国家经济怕就怕变成死水一潭，所谓的经济下行压力，实质上就是经济出现了从"活水"滑向"死水"的趋势，这个时候急切需要的就是找到新的经济支点以激活经济，经济被新的增长点激活后，货币流通速度开始重新加快，流通量也随之增多——像我国这样一个金融市场相对落后而实体经济相对发达的国家，在货币的急速大量流通过程中，必然会极大地刺激实体经济发展，进而打造出新一轮的经济增长周期。

投资行动开始之前做什么

从广义上来讲，投资不仅仅指资金投入，时间、精力等也都是有价资源，有的时候甚至比金钱更值钱。时间对人来说是有限资源，一生也就几十年，掐头去尾剩下也就二三十年能工作的时间。一方面，钱损失了还可以再赚，而时间没有了就永远不会再有，属于不可再生资源。毫无疑问"互联网+"是一次好机会，但是并不是谁都能抓住这样一次赚钱的机会。机会对于每个人来说固然是均等的、公平的，但人与人的差别很大。另一方面，对于大多数企业和大多数人来说，钱并不是多到了可以不在乎的程度，投出去的钱如果打了水漂，那么损失常常是伤筋动骨的。因为投资失误而大伤元气的例子随处可见。

"互联网＋"行动计划虽说阶段性目标有所不同，但终极目标都是赢利，也就是赚钱。不论任何时候，商业的本质是不可改变的。当然对于赚了钱之后花在什么方向各有各的观念，有人去做慈善，有人扩大再生产，有人去旅游等，这就是另外一回事了。所以站在"互联网＋"的风口上，要明白你的机会在哪里。"互联网＋"行动计划中，要分析机会在哪里，探讨清楚为什么是机会等问题。说到底"互联网＋"行动计划其实就是一份投资分析报告。

所谓投资机会也就是寻找、挖掘、创造、选择、鉴别你所能够拥有的各种机会，比较所有机会的价值。这一过程其实就是一次深入细致的调查研究，在确定了项目和方向之后，制订实现目标的具体步骤和方法，为了周全起见，最好要对各种困难有充分的估计，并制订相应的预案，接下来就是执行的过程。

首先，要做到"知己"。实事求是地评估自己，知道自己是谁，盘点自己拥有什么资源——智力、资金、人脉、经验、技术等都是资源。你所拥有的资源决定你的竞争力。有的机会看起来确实很好，显然有利可图，发展前景不错，但并不是谁都能够得到。从对于机会的选择权来说，机会对每个人、每个企业都是公平的，但不能理解为获取机会的能力也是公平的。打铁须得本身硬，不同的机会对应着不同的能力要求。盘点清楚自己的资源之后，分析这些资源如何配置才能发挥最佳效能，也就是对资源进行优化，使每一项资源都能发挥出最大功效。

其次，了解环境允许性。了解政策、区域、行业、城市等各个方面各个层面的显规则和潜规则，必须要"被允许"，要符合各种各样的要求和规定——即便不是顺应，但绝对不能相悖。在制订"互联网＋"行动计划的时候，这一点是十分重要的，但往往被忽视或者轻视。等遇到麻烦的时候，牛车已经拉半坡了，一旦放弃则造成巨大的浪费。这方面的教训不可谓不多。

最后，做环保性评估。如今国家十分重视环保工作，人们的环保意识也都普遍增强。我国经济在两位数增长的时期，高耗能高污染的项目可以做，但是现在肯定不行了。要想使投资能够可持续发展，在研究机会和制订计划的时候就要考虑到环保问题。环保这个词需要深入解读，不仅仅单指空气污染、水污染、土壤污染等，还有更深刻的内涵。

总而言之，在行动之前，要对相关问题进行全息考证，收集各种数据——数据是最有说服力的，搜索各种现成的别人的经验，进行广泛深入的调查研究。圈定一般性的机会之后，需要逐个研究，对实施难易程度以及利润空间等问题要进行仔细比对，对具体项目进行专门研究。

一言以蔽之，不打无准备之仗。为了确实把问题研究清楚，最好构建多种评价体系，多角度、多维度反复论证进入的价值、可行性和进入策略等。这些研究可以自己组织专门人员做，也可以委托咨询机构做。这种研究根据实际需要可分为"一般性机会"研究或"专项机会"研究。"一般性机会"研究指宏观和中观研究，主要分析投资方向和发展趋势等。"专项机会"研究指微观研究，是对已经确定了的投资项目进行细致分析，分析环境、前景、方案、建议等。

不要最好的，而要最适合的

互联网时代的投资一方面需要互联网思维，另一方面需要自我思维，在考虑项目的同时要考虑"我"，不能眼盯着好项目，而不审视自我。找项目与找对象是一样的道理，最好的并不是"最好"的而是最"适合"自己的。"互联网＋"背景下的投资有特殊的方面，也要运用

普适的投资定律。

1. 谨慎定律：精髓是捂紧钱袋子

许多人往往一看到机会就蠢蠢欲动，甚至未看清楚就动起来了，听到音乐就想跳舞。为什么要谨慎？一来有价值的机会并不多，二来任何市场行情都呈现不同周期的波浪式变化。这就给我们一个很有益的启示，一方面必须谨慎进入，另一方面在谨慎进入的同时，尽可能采取"波次性进出"的策略，低谷进、高峰出——所谓的"出"并非从中完全抽身、完全逃脱，而是当机会价值降低后快人一步寻找新机会。转型、升级、创新等都是寻找新机会的途径。最有价值的机会是原始机会，当所有人都赶来投身入海的时候，机会已经不是机会了，而是价值低竞争激烈的市场常态了。

2. 安全定律：要点是设定安全线

关于投资的安全性问题，需要建立这样三个观念：一是任何投资都不存在绝对的安全，但一定有相对的安全，不是说躺在床上就一定不出安全问题，但肯定比站在悬崖边安全得多；二是安全是以"范围"来描述的，没有确定值；三是在无法确定安全边界的时候，宁可持有现金等待更好的机会，也不要碰运气，碰运气的时候运气往往很差。设定安全范围有许多方法，比如概率统计法等。

3. 相似定律：不要指望有什么例外

可以不懂行情，但一定要相信哲学。任何行情，不论"热"到何种程度，都不可能有只涨不跌的道理。所以，不要企图一直火爆下去，而要在适当的时候选择退出。从这个角度来看，李嘉诚抛售各地房地产项目是明智的，有赚就行，不要指望能一直赚下去，懂急流勇退者才是智者。中国内地的房地产业与美国、日本和中国香港等一样，美国出现次贷危机，日本和中国香港出现过泡沫破灭，中国没有任何不一样，这些问题都可能会随时出现。

4. 等待定律：防止"多动症"

在行业境况处于下行行情的时候不要焦虑，在行业情形处于上行行情的时候不要急躁，忍一忍，再忍一忍，越是觉得难以忍受的时候越要忍，收缩阶段和高涨阶段都要有忍耐心，而不可任性。在市场不看好的时候，要静下心来评估内在的价值和长远的红利。不论是机会奇缺的时候，还是遍地都是机会的时候，都要忍得住。忍天下之难忍方为高手，不要分分钟都想着做些什么，在感觉拿不准，心里没底的时候多看少动，等待更好的时机。

5. 递行定律：反其道而行之

商场如同战场，兵者，诡道也，不按常规出牌反而能打出好牌。当所有人都看好的时候进入的成本已经很高了，利润空间已经很小了。懂得"人退我进，人进我退"的奥妙之处，以投资的价值为导向而不是以人气为导向，不要被"羊群效应"所害，要甘做投资的"少数民族"，不要怕寂寞。

6. 熟悉定律：只认熟就不会输

永远都不要进入你不熟悉的领域，不要有猎奇心理和碰运气的心态，进入不熟悉的战场做俘虏的概率很高。

辩证地遵循上述六大定律，即便成功不了，也不会输得很惨。站在"互联网+"的风口上，所有人都开始躁动起来，这时候需要的不是跟着动，而是更要保持冷静，多琢磨、少乱动。不要为"+"而"+"，而要看准时机和方向，跟着市场需求和企业实际走，而不可跟着潮流盲动。"互联网+"不是炒菜撒盐，啥菜上都撒上一点，而要分析该不该"+"，什么时机"+"。

以数字化消费者需求为导向

"互联网+"行动本身就是行业和企业的一次系统性的投资过程，不但要投入智力，还要投入人力、财力、物力。制订行动计划的指导思想是以互联网时代的消费者需求为唯一导向，遵循市场经济规律，修正市场偏离性，使企业运营的各个子模式更加回归商业的最本质。

中国目前有八九亿名网民——包括有线网和无线网，他们都有可能成为"互联网+"时代的数字消费者。可以说除了小孩和老人，几乎全民皆网民。这么庞大的网民造就了庞大的数字消费市场，没有任何一个投资者可以忽视这么巨大的市场。研究企业其实就是研究市场，研究市场其实就是研究消费者。以消费者需求为导向，是企业以及投资者必须坚持的理念。离开了广大的消费者，企业就会迷失方向，投资也就无法作价值判断。

数字消费者成为主流，那么就得研究他们的市场布局、消费心理和特点，产品设计和服务流程都要尽可能满足他们的消费体验。提升用户体验好感的唯一途径就是利用网络使与消费者的沟通灵敏化、随时随地化、个性化，实现从产品设计定型到最终到达客户手中信息的畅通无阻和无缝隙连接，使整个流程神经处于商家和用户都可以控制和感知的状态。

由于行业特点不同，各行业网络化的阶段和程度不同，网络化程度低的行业或企业仍然处于"替换"状态，如宣传手段从传统媒体转向新媒体，传统渠道向网络媒体过渡，零售终端开始上线等，这些都是初始网络化的特征，刚刚触网时大都从这些事情开始。网络化程度较高者的整个价值链已经完全与互联网融合在一起了，已经开始了在大数据、云计算、物联网等技术支持下的创新活动，不论是效率还是质量都有了极大提升。网络化水平很高的企业已经不满足于单纯的创新，而开始着手在创新的同时进行要素优化。

现在的消费者高度依赖于互联网，不论线上消费，还是线下消费，都有互联网的参与。互联网使消费者的心理更加理性，消费行为更加科学，因为有互联网的参与使得消费者有了更多的选择和比较。消费者的这些特点反逼行业、企业以及整个产品服务链条必须相应做出调整、改变和适应。这也正是"互联网+消费者"所引发的一连串的商业效应，不论是在传统消费时代，还是互联网时代，消费者永远是上帝，这一点不会随时代的改变而改变。满足消费者需求，以消费者为导向是现代商业市场最本质的特征之一。

"互联网+"时代，行业的业态以及企业的各种运营模式都在发生根本性的改变，也必须改变。比如传统的营销渠道极度扁平化，中间环节减

少。当"互联网＋"行动发展到极致的时候，恐怕只会剩下两个点——也就是两个端点，一个是生产厂家，另一个是销售终端——客户。中间渠道都失去价值，消费者直接通过网络寻找商家定制商品，商家按照客户要求与客户一起设计产品，之后通过物流直接将商品派送到客户手中。到那个时候，目前十分火热的电商会消失，阿里巴巴和京东也不复存在。"互联网＋"驱动下的投资要洞悉这种发展趋势，分阶段有重点地设计投资策略。

不论哪类行业哪个企业，"互联网＋"行动并非对传统模式的全盘否定和抛弃，到底是对传统模式予以网络化改造还是创新，需要具体问题具体分析和对待，不可一窝蜂，也不可一刀切。思维的核心点是"消费者需求"，消费者需求不可能一样，如何照顾不同消费者的个性化需求也就显得十分重要。比方说天津的"狗不理包子"，制作程序最好不要变，越传统则越会受到顾客喜爱，需要改变的是营销模式。比如汽车行业，可以全方位改变，从设计到生产再到营销的整个链条越网络化越好，消费者越欢迎。房地产行业则要利用大数据分析，掌握区域性特点和消费者结构，推出适销对路的产品。文化产业既要保护好具有历史价值的遗产，在表现形式和宣介手段上互联网化。比方说媒体，传统媒体受到互联网的冲击很大，传统媒体在新媒体面前显得异常脆弱，一些传统媒介手段逐渐淡出人们的视野，现在听收音机的人越来越少了，报纸的生存很艰难，上网即知天下事，谁还去看报纸？电视观众被新媒体分流，能静下心来读书的人越来越少，不是不想读，是人们的生活节奏那么快，没有多少闲时间读书。媒体行业的"互联网＋"行动就需要分析受众的需求特点和变化，创新产品形式，以适应时代要求，数字化是发展大趋势，如出版行业迟早要进入数字化模式。总而言之，如何"互联网＋"需要坚持个性化的原则，如何"＋"和"＋"什么要依据行业特点和企业实际，消费者需要什么就给他们提供什么。

团购兴起揭示出的道理

网上团购绝对是一个在互联网时代异军突起的新兴行业。它前几年兴起，到2010年时达到顶峰，之后开始盘整，如今仍然大放异彩。团购是互联网发展与消费需求的完美融合，方便快捷且价格优惠，为消费者节省了时间和金钱，有充分的发展理由和坚实的市场需求，所以一直保持上升趋势，可以预期在以后还会以各种模式存在。如今团购的触角几乎伸向了所有的生活消费领域，住宿、餐饮、休闲、保健、旅游、生活品、手机、家用电器等，诸如此类的消费都可以在网上团购。

从属性来讲，团购属于电子商务的组成部分，或者是一种电子商务形态。团购可归属于电子商务中的生活服务类板块，侧重于吃、住、行一类的网络订购服务，是传统服务型行业的网络化批发业务平台。传统意义上的批发指的是实物商品大批量优惠销售，而传统意义上的餐饮、住宿等服务行业不存在批发一说，在互联网时代由于有了网络信息平台，也就衍生出服务类行业的批发业务。互联网介入传统行业后，产生新的商机，为创业提供了更多机会，也为传统服务型行业提供了转型升级的思路和方法。

本来住宿、餐饮是无法批发的，但"互联网＋"之后此类无形的生活服务类行业也可以像日用品那样进行批发业务了。这也证明了"互联网＋"具有使传统行业界限模糊化的功能，也证明了"互联网＋传统行业"可以衍生出更贴合消费者需求的新的商业模式。总之，"互联网＋"是传统行

业转型升级的机遇，也是紧跟时代潮流的最佳途径。

以"互联网＋"的思维寻找商机，需要触类旁通，团购能够兴起揭示出一个道理，就是只要是人们需要的生活服务都可以网络化，其实这个过程也就是"互联网＋生活"。顺着生活这条藤，按照互联网的特点，即可顺着藤摸到瓜，找到与生活相关的无数商机。如"指路服务"——围绕地图进行的服务，"寻地服务"——帮助人们寻找目的地，如停车场、加油站、银行等，"导航仪"和"电子狗"等也都是很典型的生活交通服务。在生活互联网化中，使用的主要硬件设备是手机而非电脑，无线网络至关重要，由此可以预想到无线网络建设是大商机，手机针对生活服务的功能开发也商机无限，未来的手机不是正宗意义上的电话，而是一部微型电脑，相当于一个微型智能机器人，对人们的任何需求都能够提供即时的精准服务，通话仅仅是其功能的一个方面。在手机的基础上开发依赖移动互联的微型电脑肯定有无限商机。与诸如此类需求相关联的软件开发也都有很光明的发展前景，如语音输入现在开始研究和运用了，但效果有待继续提高，将来甚至可以发展到不用说话只要想一想即可变成文字，叫作思维输入法。总之在未来什么事都有可能实现，100 年前的人很难想象得到如今的电脑和网络等，现在的人也很难想象到 100 年后会出现什么。

现代人的生活与银行之间的关系很紧密，贷款、还款、存钱、取钱、理财等都很普遍很频繁。在移动互联的支持下，在线买保险、买基金、买各种各样的理财产品等都会极大满足人们的生活需求。沿着这个思路，可以将服务对象扩展到电商、公司、政府机构等。如今已经有了网络银行，已经有了类似于"金融人人贷"这样的服务模式，可以预见，"互联网＋金融服务"必将使金融业发生重大的变革，其中蕴藏着巨大的商机。

渠道网络化的坚守与突围

在"互联网+渠道"的过程中有许多商机，这样的商机被"滴滴打车"、小米手机、物流公司等抓住了。许多人许多企业对于"互联网+渠道"仍然缺乏清晰的理解，以为就是在网上开个店就可以了。"互联网+渠道"不但为创业者提供了一次机遇，也是所有行业和企业深入研究探讨的专题。

自从几千年前有了商业，便有了渠道，当然那个时候不叫渠道，但事实上是渠道。商业的发展史也是渠道的发展史，不同阶段的渠道有不同的特点。影响渠道的因素很多，但相关度最大的是交通工具、信息水平、地域、消费者结构、产品属性等。商战理论中，渠道相当重要，有的人因此提出"赢在渠道""渠道为王""战渠道"等说法。时效性和有效性是衡量渠道优劣的两个关键指标，而要实现快捷、有效，受制于经营模式、交通、通信等因素。

与传统渠道模式相比，互联网时代的渠道形式发生了颠覆性的变化。互联网真正触及了渠道最为敏感的神经，进而影响到了从研发制造到零售终端的生产过程的整个流程。我国计划经济时代，渠道很统一、很简单，实行的是各级供销社模式。改革开放以后，国家开始实行市场经济，供销社模式逐渐退化，最终消失在历史长河中，我国商品的流通渠道变得复杂化和多元化。

从我国各行各业市场化的进度和程度来看，有的行业市场化比较彻底也比较快，就目前来看，除了影响国家经济命脉的一些行业如银行、通信、交通等，以及对政治会有很大影响的行业如出版、广电等行业，绝大多数的行业都实现了市场化改造，依靠市场的力量推动行业前行。而有的

行业市场化进化很慢，甚至于原地不动，到目前为止仍然坚守着计划经济时代的渠道模式，比如文化产业中的图书行业，到目前为止仍然坚守新华书店模式，虽然也有所谓的二渠道，但发展很慢、很艰难，新华书店垄断着图书产业的绝对支配权。

市场化与渠道形式的多样化是呈正比关系的，市场化程度越高则渠道越呈现多样化，政府严格管控的行业则渠道单一。

互联网的介入对于所有行业的流通渠道影响都很大，尤其是那些国家"不管"或"少管"的行业，"互联网＋渠道"的结果造成的渠道模式变形十分明显。比如营销终端由线下到线上的变化，影响到了几乎所有的行业。像淘宝和京东这样的电子商务与其说是经济形态的变化，不如说是渠道的变化更准确。互联网使得快递行业发展迅速，而且随着"互联网＋"成为时代热潮，快递行业还会发展。以前只有邮政，而现在有顺丰、中通、圆通、韵达等很多快递公司，有多如牛毛的物流公司，邮政的功能逐渐在退化。这些变化其实是渠道的变化。

互联网时代的渠道越来越扁平化，中间环节越来越少，越简单则越高效。小米公司高层直接和消费者对话，按照消费者的需求生产手机。小米手机的成功实际上是"互联网＋渠道"的成功。

越是坚守传统渠道模式的行业和企业，发展速度越慢，因为跟不上时代发展的要求，如果还不改变，迟早会被淘汰。邮政不改变就会被物流和快递行业所替换，国有银行如果不改变迟早都会被各种模式的网络银行所替代——因为消费者需要的是效率和舒爽的消费体验。同样是出门打车，渠道不同消费者的感受就完全不一样，传统出租行业的渠道模式是司机开着车满街乱转找人，想打车的人则站在街边苦苦等待，而"滴滴打车"则完全颠覆了这样的渠道模式，想打车通过互联网发个信息，然后坐在家里或办公室等就可以了，司机也不需要满大街找人了。

　　"互联网＋渠道"使各式各样的预约成为现实，彻底改变了传统营销渠道模式，商家和消费者都享受到了快捷和高效带来的愉悦体验。

　　有的企业对于"互联网＋渠道"的理解和认识非常浅，非常简单化，认为在企业内设立一个电子商务部门就可以了，甚至有的公司将此类专门负责网络商务的部门设立在营销部门之下，这样的"互联网＋"肯定没有任何效果。

　　"互联网＋渠道"不仅仅是B2C（商对客），小米的渠道模式是今天能看到的比较先进的互联网时代的渠道模式。小米之所以能够成功，不是没有原因的。并不是说传统的代理、分销等模式就已经完全过时了，而是要根据行业特点和企业的具体实际构建高效的网络化渠道模式。不要仅仅将渠道视作营销部门的事情，而要将其作为公司的整体战略来筹划。

　　检验"互联网＋渠道"效果的标准应该是看库存，而不仅仅指望通过在网络上多发广告，促成客户在网上下单。通过"互联网＋渠道"行动构建柔性供应链条，争取实现零库存的结果。"互联网＋渠道"要在优化供应链方面下功夫，以提高运营效率为目的，切实解决传统企业在营销推广方面的痼疾。小米手机受到消费者青睐绝对不是因为价格原因，互联网时代商业的本质不会变，比如仍然是靠品牌打天下而不是靠压价销售。最终还是要洞悉消费者的心理需求，依靠互联网技术提升客户的满意度，这才是目标。

企业升级转型中的商机

　　任何大变革都孕育着无限商机，目前我国经济大面积的转型升级也是一次重大的变革，这个过程中产生的巨大的既有强烈的市场需求又完全是空白的领域，是传说中的蓝海，散发着诱人的金钱味，许多先知先觉者已经为之奋斗了，但许多人感受最真切的仍然是压力感，对于转型升级带来的很多商机则茫然不解，缺少清晰的意识。

转型升级是个复杂的系统工程，行业不同思路就不一样，不同的企业有不同的实际情况，但有一点是共同的，那就是都需要运用"互联网+"思维，这不是人为的苛求，而是时代的客观要求。这些年来，互联网不断影响和颠覆着诸多领域，几乎所有的行业都受到互联网的促动，如旅游、零售、通信、金融、交通、教育、媒体等，在运作模式上发生了很大变化。但也有许多传统的行业仍然沿用着旧有的模式，如煤炭、钢铁、农业、电力等行业以及与之相关联的企业，这些企业的生产和营销等模式仍然是老一套。这类企业是我国经济的重头，占九成多的经济份额，是造成目前我国经济下行压力的主要压力源，也是急需升级的主体行业。可见升级量很大，范围很广，蕴藏其中的市场需求自然也很大。

有问题是好事，对于商家来说，问题等于商机。所有事情都尽善尽美了，就失去创新的压力，市场仅仅维持原有的需求，需求结构不会发生大的变化，需求性没有增量，而市场需求的增量是商业机遇的最大相关因子。

我国经济经过三十多年的高速发展，积累了前所未有的成就，但同时也积累了严重的问题，转型升级势在必行。转型升级未必就一定能活，不过如果不转型升级则百分百会死。政府和企业都感受到转型升级的压力，意识到必须转型升级。这次转型升级是经济高速增长后的盘整，政府和市场在同时发力。"互联网+"即是在这样的大背景下被提出来的，也已经形成了热潮。

企业的转型升级之路不会很快就完成，肯定要经历较长的时期。如果经过升级转型，经济能够顺利到达下一个稳定增长时期，所有人都会享受到转型升级带来的红利。下一步的转型升级具有一个鲜明特点，就是必须要受到互联网的洗礼，离开以互联网为要素的信息化改造，企业的转型升级就不知所措。由此可见新一轮转型升级是一次大规模的"互联网+"行动。

转型升级所创造的市场需求十分巨大。我国目前虽然已经有腾讯、阿里巴巴、百度、搜狐、小米、京东等大型线上领军企业，但是这类"互联网+"企业所创造的经济总量在我国每年六七十万亿元的GDP总额中只占不到一成，不过是沧海一粟而已，九成多的GDP都是那些传统的线下企业所创造的。经过二三十年的能量释放，传统经济模式的红利已经耗竭了，要继续发展就必须升级。这么多企业需要升级，所创造的市场需求相当大，尤其是与互联网相关的机会将会很多。有一点已经达成共识，即这些传统企业能否"触网"，将影响经济能否成功转型，能否由过去的高能耗、高污染、低附加值的低端加工、劳动力密集产业的产品和服务逐步过渡到低能耗、环境友好、高附加值的产品和服务。

比如代表互联网发展趋势的移动互联行业，将会带来很多商机。不久的将来中国社会将无可争辩地进入泛网时代，所有企业都将是移动互联的使用者，产品研发、生产、营销、售后等都必须在移动互联的参与下进行，没有移动互联的作用就无法实现产品的价值。到那时，就不存在互联网企业与传统型企业这样的说法了，移动互联将会像现在的水和电一样，成为必不可少的生产要素。在已经开始的转型升级过程中，所有的传统企业都会被互联网所改变。自从互联网诞生以来，就开始改变传统行业，对于这一点从最近二十多年来的历史中可以清楚地看得出来。虽然目前"互联网+"企业的经济总量并不大，但像阿里巴巴、小米、腾讯等这样的新兴企业的兴起，展示出传统企业互联网化改造的大趋势和前景。互联网带来的商机成就了马云、马化腾、雷军、刘向东、李彦宏等首吃螃蟹的企业家，转型升级过程中的"互联网+"必将成就第二代能够抓住机遇的人。像柳传志、张瑞敏、刘永好等这样一批第一代传统企业的企业家目前仍然闪耀着光彩，但在与以马云为代表的"互联网+"型企业家相比，逐渐失色。目前的中国经济仍然需要中石油、中石化、中国电力、中国银行等这样的大型国有企业支撑局面，但显然只能是"目前"而已，中国经济要想可持续增长，就需要产生像美国的微软这样的新兴非传统企业领衔经济，传统行业和传统企业很显然已经难以成为经济增长点。

当然不能过分夸大互联网的作用，互联网说到底实质上是一种工具，经济发展还需要回归商业的本质——质量、品牌、服务等，互联网的功能仅限于能够更好表现商业的本质而已。手里握有先进武器，并不能确保就一定能打胜仗，决定胜负的关键因素在工具之外。尤其是当所有企业所有行业都掌握了互联网这一工具之后，市场竞争力仍然要回归到商业的本质上来。

在分析和利用转型升级带来的商业机遇的时候，要厘清商业工具与商业本质的联系和区别。工具永远是随时可以改变的，而商业的本质自古以来就未改变过。所以不要把互联网当作万能的救世主，互联网犹如关羽手中所使用的青龙偃月刀，关键在于谁使用。企业在转型升级的战略思维中，不可舍本求末，不要使"互联网+"成为新的泡沫。"淘品牌"的衰落是一个典型的例子，仅仅想以工具制胜不靠谱，能持久的仍然是那些"互联网+服装"的线下品牌。另外不要有"垄断思维"，商业垄断也算本质现象，但历史经验告诉我们垄断不长久——这也是商业的本质特点。现在有些企业总试图垄断某一个行业，都在抢"入口"，想提供给人们一个"大一统"的入口模式，构建公共云服务平台——这种现象也就是人们所说的"跑马圈地"，这样的想法不靠谱。当初如日中天的微软也曾有过类似的盘算，想在 PC、电视等各个领域成为老大，但最终以失败告终，其教训是违背了商业的本质。

不论在何种时代，必须在正确的商道下才能发现好商机。比方说在别人"没有"时，你"有"便能赚大钱。改革开放之初，大街上钉鞋的、街角卖茶叶蛋的都能发家致富，也都是不错的商机，但是当时代变了，或者当别人都有的时候，原先很不错的机会就不再是机会了。要想继续赚钱，就需要寻找其他机会，发现新的商机。在市场竞争中，有许多本质性的东西永远不会改变，如"便宜的东西我比人更好，好的东西我比别人更便宜"等是商业本质，只有看懂看透商业本质才能发现好商机，才会有市场竞争力。不可迷信工具，转型升级需要在商业本质上下功夫，把互联网当成现阶段最好的升级工具足矣。

新商机：电商、聚粉和建平台

互联网出现后，兴起了许多经济模式，也激发出许多新的商机。若是在二十多年前，诸如"聚粉"和"建平台"这样的词不会在经济领域出现和流行，但随着互联网时代的到来和快速发展，随着行业和企业开始"互联网+"行动，新的模式产生了，新的机遇也涌现出来。

比如，聚粉和建平台。聚粉和建平台被许多人称为一种商业模式，其实，从本质上来讲，聚粉和建平台更多的是提供更多的商机，通过聚粉准确发现和把握商机，通过建平台促进信息汇集和分享，给商家带来的主要是各种机遇。当然，聚粉和建平台的确是一种经济形态，可以视之为运行模式。

在网络时代，粉丝经济和平台经济成为可能，事实上也成为企业塑造品牌的必选工具。产品的旺销必须依赖于巨大数量的粉丝，如今的经济不是以前的小农经济，在以前只要酒香就不怕巷子深，但在商品极其丰富、同类商品只能靠竞争赢市场、信息四通八达的互联网时代，只能主动出击，守株待兔最终只有死路一条。聚粉依据的是眼球经济理论，但也有所发展，准确地讲是互联网时代的眼球经济理论，互联网时代无法仅仅靠炒作吸引人们的眼球，因为消费者的鉴别机会很多，选择能力很强，但靠传统的忽悠手段不行了。

小米模式的特点之一就是粉丝经济，小米利用互联网聚集了数量巨大的"米粉"，是这些"米粉"造就了小米。所以聚粉对于小米来说就是抓机遇的方式，粉丝孕育的是无限的商机。商机总是与消费者需求紧密相关，而聚粉聚集的是消费者的真实需求，商家能最真切和及时地了解他们的欲求，能实现相当于消费者定制模式的研发和生产，小米模式的先进性正在于此，有意无意地顺应了经济模式发展的趋势。小米模式的成功有许多值得研究的方面，做手机的商家很多，为什么小米做大做强了？不在于做什么，而在于怎么做。小米的成功不是手机的成功，也不是行业的成功，而是模式的成功。小米模式及时、准确地抓住了互联网时代手机行业潜在的机遇，这个机遇是无数数字时代消费者提供的，小米利用聚粉抓住了商机，商机使小米登上了行业巅峰。

创新模式是机遇的实现手段。机遇对所有人是公平的，不会厚此薄彼，能不能抓住机遇关键看行动效率，而结构的效率优于运营的效率。单从手机功能和质量等方面来讲，小米手机并没有特别之处，小米赢就赢在企业组织结构的相应变革上，而不是守着传统的模式试图通过提升运营效率去把握机会。模式创新才能够彻底颠覆原有的格局，而当前的任何模式创新都很难离开互联网，互联网成为模式创新的支点。

　　与聚粉一样的道理，建平台也是抓住了互联网时代的基本特征，通过创新模式将机遇变成了成功的现实。像淘宝、京东、腾讯、百度等的成功无一例外都是平台模式的成功，腾讯提供了全新的基于互联网之上的社交平台，淘宝和京东提供了一个互联网时代的商品终端销售平台，百度提供了信息搜寻平台。平台为马云、马化腾、李彦宏、刘强东等提供了成功的机遇，也为无数创业者提供了实现自我的机遇，为消费者提供了满足需求的机遇。

　　对于消费者有刚性需求的商品，营销成本低很多，对于那些仅有柔性需求的商品就需要加大营销力度，聚粉和建平台的作用尤为突出。企业转型升级最好花点钱去寻求专业机构的帮助，有的企业领导对于"互联网＋"的认识很粗浅，面对转型升级思想上压力很大，但不知从何入手。换句话说，就是看不到商机在哪里，即便看到了商机也没法像雷军那样抓住机遇，容易出现两种倾向：以为"互联网＋"是万能的，而对于商业的本质有所忽视；思路不对，该"＋"的没加，不该"＋"的加一大堆。"互联网＋"并不是没有任何风险，加错了就跟嫁错了一样的道理，由此给企业造成损失不是一点半点，严重时会因为错失了播种季而错过收获季。面对"互联网＋"机遇，需要整合线上线下的各种资源，能不能赢全看如何整合，如何科学深化企业网络化。

　　"互联网＋"提供的机遇不仅仅是在网上买东西做营销推广宣传，"传统企业＋网络销售"固然能带来一些销售额，但这属于最低层次的加法。

　　聚粉所带来的收效比单纯触电更明显，所创造的商机更多更持久，对线上线下的销售都有明显的带动效果。不论是线上还是线下，聚粉都可以取得销售量至少翻番的效果。聚粉培养了一大批忠诚的老客户，不但反复购买，同时还是义务口碑宣传员和品牌传播者。聚粉不仅是单纯为了多卖出去一些商品，更是为了塑造品牌。从另外一个角度看聚粉，其实就是利用互联网的信息沟通和传播技术加强了消费者的购物体验，使消费者的需求得到个性化的满足，超出传统营销模式所能提供的用户体验预期。网络时代的品牌管理其中一个十分重要的组成部分就是网络品牌管理，和传统的品牌管理相比，网络品牌管理有很多不同的地方，这是由互联网本身的特点所决定。比方说，互联网具有开放性和迅捷性的特点，这就注定互联网对于品牌管理而言无疑是一把双刃剑，好消息传播快，有损于品牌的坏消息传播也一样快，甚至更快。

建平台的效益更好，当然也可以选择进别人的平台。许多企业都想自己建立平台，其实如今国内要想再容纳像京东、天猫这种量级的平台已经不太可能，目前国内综合型电商平台实际上只有四家——京东、天猫、苏宁、腾讯，即便像它们这么大规模的平台，也遇到了供应链和物流的瓶颈，所以选择进平台成为企业的最佳选择。"宏图三胞"是线下IT零售卖场，开始时自己建了个平台，但后来发现引流的成本巨大。"宏图三胞"就在天猫开了个旗舰店，业绩增长很快，销售额很快超过了线下单体店。除了零售，"宏图三胞"在淘宝和天猫还做线上分销，很多淘宝店从线上抓货，然后在淘宝零售。"宏图三胞"触电除了线上成长和分销外，还带动了线下营销，一举三得。

许多企业的互联网化过程都是逐步进化的，首先利用网络卖商品，营销终端多了一个网络商店，也就是人们熟知的电商，是企业电子商务的一个环节。其次开始聚粉，塑造商品品牌。最后发展到一定规模，开始建设自己的网络平台。虽然聚粉和建平台所依据的都是圈子营销理论，但建平台所得到的圈子比聚粉大得多，不是一个等级。平台带给企业的不仅是消费者的圈子，而且是整个生态圈。

今天的缺失是明天的蓝海

像阿里巴巴、京东、唯品会、聚美优品等这样的第一代"互联网+"企业虽然创新了终端销售新模式,成为互联网时代首批出现的零售综合性大平台,填补了国家经济的空白,为经济的演变发展做出了巨大贡献,但现在看来,他们也有明显的软肋。他们的软肋主要表现在如下几个方面。

第一个软肋:因为仅仅是平台,不参与商品的进货渠道的管控,所以对于货品的质量很难督查,能采取的唯一办法就是一旦发现立即予以处罚,这种依赖堵与罚的办法显得无力。如何对于电商进行有效的质量管控,能够既有利于互联网零售终端继续繁荣发展,又严把商品质量关,目前仍然是个难题。也就是说像阿里巴巴这样的电商平台如何参与到供应链的质量管控,是一个空白领域,对于电商模式创新是一个机会,抓住了这个牛鼻子则能创造新模式。

第二个软肋:电商的客户服务仅仅依靠网上的沟通交流,不但不充分,而且还存在诸多隐患,比如消费者投诉的时间成本大,处理的办法不多。也就是说虚拟的网上交易与真实的买卖关系衔接缺乏有力的交点。如何将线上交易与线下管理结合起来,有很大的研究空间。现在有许多实体企业都有做电商的意愿,有的已经开始行动了,实体企业做电商更能够线上线下一起动,因为在线下的服务体系比较完善,一旦启动了线上服务并与线下服务相融合,肯定能为消费者提供更好的消费体验和服务质量。如何更好地使线上线下相融合,这方面仍然需要继续探索,肯定会有更符合市场需求的模式。

第三个软肋：电商的消费客户群体主要集中在一、二线城市，对于三、四线城市和广大的农村地区，以及像新疆、西藏这样的偏远地区，因为诸多原因使电商平台显得无能为力。可见电商的发展不是靠单打独斗就能成功的，还需要物流和通信等行业的同时联动。由此可以预想，广大农村，三、四线城市和偏远地区的电商化过程中有很多商机。

第四个软肋：现在比较成熟的商品交易平台仅仅是零售平台，像淘宝、京东、唯品会等采用的模式只是零售模式，其实完全可以建设其他交易类型的平台，比如B2B模式的交易平台，为生产厂家和零售商家搭建一个大平台，形成类似于线下大型批发市场这样的线上交易平台。虽然现在也有这方面的平台，但发展不是很理想，模式与真正的市场需求有差距。如何能够把生产商家的货直接批发到庞大的零售商手中，这是一片极大的蓝海。如果触类旁通的话，还可以有其他许多细分，比如国际贸易平台等，细分中有许多商机。

现在比较成熟的是零售市场网络化，而行业网络化、农村网络化、区域性网络、产业网络化等都是尚未开垦的处女地，蕴藏着巨大的商机。如今城市的网购用户已经达到百分之三四十，而农村还不到百分之十。当一、二线城市的市场需求基本饱和之后，农村和偏远地区是下一个等待开发的空白市场，广阔天地大有作为。

另外，我国在三十多年的发展中形成了数量庞大的外销型行业和企业，这些行业主要特点是贴牌代工和廉价促销等，最近几年尤其是经历了2008年的金融危机之后，外销市场受阻，利润降低，市场缩小，订单下滑严重。在这种背景之下，外销型行业和企业，如服装业、玩具业等都开始把目光转向国内市场，"互联网+外销型行业和企业"行动如何有效落地，挑战很大但机遇也很多，比如像F2R模式就可以扬长避短，实现比淘宝模式更加扁平化的渠道制胜。

在"互联网+投资"中寻找机遇

如今无论哪种行业，几乎所有的企业都在如何"互联网+"上动脑筋。除了像阿里巴巴这样的大成者，在第一批"互联网+"浪潮中还涌现出许多佼佼者，如"互联网+旅游"的先行者携程。在新一轮的"互联网+"热潮中，其他企业可以借鉴他们的成功经验。"互联网+"没有休止符，是一个不断进行的过程，比如像第一批"互联网+"成功企业现在也开始第二轮的"+"行动，阿里巴巴、腾讯等都把触角伸向了金融领域，都在争夺线上支付业务。他们的探索很有益，对于数量庞大的传统型企业的互联网化提供了很好的样板。下面我们看看携程是如何"互联网+"的，对于传统企业互联网化有什么启示。

不论是传统企业还是"互联网+"企业，转型升级都需要牵涉资金的运作过程，要么是投资，要么是吸入。同时也需要企业顶层的精心设计，制定相应的战略战术。"互联网+"行动需要策略，不是随便加就可以。

携程在"互联网+"的行动中，先后投资了十多家与旅游行业密切相关联的网站，如途家网、订餐小秘书、中国古镇网、松果网、驴评网、太美旅行、飞常准等。在线旅游行业必将随着互联网化的不断发展迎来更激烈的竞争，携程不放过任何一个积攒正能量的合作和并购机会，战略上显得十分开放，行动相当积极。后来携程还顺势收购了酷讯，而且成立了专门的投资公司，下一步将投资方向盯向网络搜索平台。

携程的业务本来是旅游，但在"互联网+"行动中，携程打开思路，不仅仅局限于在线旅游行业，而是把眼光投向了投资行业，试图依靠资本运作实现携程的转型，不论这样的升级最终能否成功，但思路应该没有错。在线旅游的蛋糕本来就那么大，竞争又很激烈，再怎么努力也很难有新的突破。顶着天花板作业的心情肯定很苦闷，不如投身更广阔的天地。

任何"互联网＋"行动都需要周密的战略，当然这个战略属于企业机密，绝对不会向外界透露，外界只能通过举动来猜测。携程起家于在线旅游，而后来受到百度投资的"去哪儿"的严峻挑战甚至超越。携程肯定要反击，或者说为了自己的生存而以积极的姿态投入到良性竞争中去。大凡成功的企业多少都会把投资作为自己的发展战略，如腾讯投资了全球最大的在线旅游公司 Expedia，百度投资了"去哪儿"，阿里巴巴甚至投资了足球。酷讯早在 2009 年的时候就被全球最大的在线旅游公司 Expedia 通过其旗下公司 Trip Advisor 以约 1200 万美元全资收购了，而这次有被携程以溢价 3~5 倍的资金所并购。可以看出"互联网＋"绝对没有想象的那么简单明了，而总是呈现出错综复杂的状态。把商场比作为战场，是十分恰当的比喻，商战也是那么错综复杂。携程收购酷讯或许仅仅是为了补课，补上垂直搜索的短板，也或许是为了其他。比如马云投资足球或许也是为了赢利，但更有可能是品牌塑造的一部分，甚至或许仅仅是马云为了实现心底的一个个人愿望而已。对于携程的投资行为，不论是为了抢占供应链资源，还是为了流量数据，都是很正面的"互联网＋"行动。

在互联网时代，因为信息异常迅速和透明化，企业的一举一动都会很快地引发人们的关注和解读。中小企业可以悄无声息地进行"互联网＋"，但对于那些被人们关注的知名企业，举动就要谨慎小心，或者说要更有策略，一着不慎就会带来损失。光明牛奶因为牛奶实践元气大伤，虽然反复道歉，也想尽挽回局面的办法，但避免不了日薄西山的最终结局。

在那些有战略眼光的企业家眼里，市场上机会很多，他们运筹帷幄，指挥若定。而对于眼光短浅视野窄狭的企业，"互联网＋"带来的更多的是恐惧中的一筹莫展。我国有数量极其庞大的中小企业，他们的"互联网+"行动给专业的咨询公司提供了一个很好的赢利机会。总而言之，在"互联网+"的风口，只要有发现的眼光和智慧的思维，就能看到无数个蓝海。

本地生活服务中的巨大商机

在互联网时代，本地生活网络化的发展速度很快，涉及所有的方面。本地生活服务包括许多层面，如小区生活服务、个人日常生活服务、本地职场求职应聘服务、休闲娱乐服务、主题旅游服务、交友征婚服务、二手商品买卖服务、家庭服务等，可以开发的领域很多。生活领域和职场是社会中最大的两个场所，"互联网+本地生活服务"中蕴藏着巨大的商机。

传统互联时代，本地生活服务已经开始启动，但受制于互联技术的制约，未能快速发展起来。如今有许多手机用户在使用 LBS（基于位置服务）相关服务，移动互联技术为本地生活服务提供了更有力的支撑，移动互联的特点是时效性很强，能够即时做出反应，这正好符合随时随行随地的生活服务的需求。

无线互联是互联网业目前很热的一个方向，也是互联网发展的大趋势。无线移动网络目前有两种，即电信无线网和 Wi-Fi 网络。在 2008 年的时候，手机才刚刚开始普及 2G 网络，在此之前的手机功能也就是发彩信和短信。后来手机进入 3G 时代，没过几年手机无线网络已经进入到了 4G 时代，5G 也已经在研发的路上了。可以看出无线网络的发展非常迅速，对于本地生活服务的影响也越来越大。比如说在长假前临时想出去旅游，或者已经在旅游目的地了，想找餐饮和酒店服务，可以用手机很方便地得到实现。类似这些服务，在相隔千里之外的地方，朋友都可以帮你去做。

将来凡是有线互联网的主流应用都会搬到手机的无线网络上来，当然也包括平板电脑等新兴的移动互联网使用终端。围绕移动互联，整个产业链条都充满了发展和创新的机遇。

在无线互联的支持下，带来了本地生活服务中的无限商机。互联网时代的本地生活是一个多屏全网跨平台的模式，人们常用的屏除了手机屏，还有电视，目前的电视尚未实现无线联网，但这肯定是一个必然的发展趋势。将来的电视功能就像放在家里的一个大手机，将会与电脑的功能合二为一。还有，比如楼宇可视化网络化管理系统也是必然的进化方向；再比如本地拼车服务，如何使本地拼车实现在云服务基础上的智能化，这中间就有许多商机。在大局域甚至全球 Wi-Fi 技术成熟之后，这些服务便会顺理成章。

智能化住所和智能化生活在不远的将来就会到来，在实现过程中蕴藏着巨大的商机。将来在办公室可以通过移动互联网控制家里的电器，可以看到家里的影像，手机与车载屏以及家里的可视终端融为一体，相互之间实现无缝切换。这样的情景目前还不能实现，但将来的某一天肯定会实现。在实现这样的目标之前有许多事情要做，有需求便有市场，也便有商机。谁能成为一站式服务的机构，谁便站到了市场的制高点，与之相关联的产业链条上的各个节点都将成为市场价值最大的企业。

最早的本地生活服务是在线旅游服务，是以 OTA（在线旅行社）为主，如今在线旅游服务已经很成熟了。发展到后来，逐渐地就有了其他各类服务，如餐饮住宿服务、租房打车服务等。如今以手机为载体的 O2O 服务成为热点之一，产生了许多本地生活服务应用。机票、火车票的线上服务也已经非常成熟，线上人际交往比线下活跃许多，各种交际模式丰富多彩，便利快捷。家教、美容、美发、团购、教育、婚嫁、商圈、导游、医疗、汽车服务、家政、搬家等本地服务也都有巨大的发展前景，一旦产业链成熟之后，即会呈现线上爆发式的发展。

第四章

"互联网+"创新思维

"互联网+"的聚焦点是"互联网+"思维的重要方面，也就是在制定"互联网+"战略的时候如何思考问题。前面谈到过"互联网+"的本质是创新，没有创新就谈不上"互联网+"。如今的创新已经不同于传统创新的概念，时代赋予了创新新的含义。现在的创新是创新2.0，鲜明特征是开放式的大众协同创新。

　　互联网的许多应用都是大众创新的结果，如物联网、云计算、社会计算、大数据等创新成果不是哪一个人完成的，而是在新信息时代各种能量融合和碰撞形成的结果。"互联网+"与创新2.0是相辅相成、互促共进的关系，创新2.0是"互联网+"的实现手段，"互联网+"使创新2.0有了创新方向和技术基础。"互联网+"是创新2.0的热点，也是创新2.0研究和实践的聚焦点。无所不在的网络、计算、数据、知识，推进无所不在的创新，"互联网+"由数字化向智能化并进一步向智慧化演进，推动"互联网+"的发展。人工智能、神经网络、无人机（车）、智能穿戴、智能系统集群及延伸终端等，既是"互联网+"的聚焦点，也是创新2.0的时代热点。

重点关注"无线互联网+"

如今的互联网已经发展到移动4G阶段,传输效率与十几年前的互联网不可同日而语。在可预期的未来一段时期,无线互联是互联网的基本形式。"互联网+"行动计划需要立足于无线互联,因为有线互联逐渐被冷落甚至会逐渐被淘汰。在未来多屏全网跨平台模式下,无线互联是主要的实现工具。对于企业而言,要把关注点放到无线网络的应用上来。

传统企业不要总认为自己已经有点落后了,其实在"互联网+"行动中永远没有晚,只有更晚。互联网仅仅是一种工具,对任何企业来说都是一样的,通过"+"之后,要想创造出新的增值点,关键还在于实体经济的产品和服务等。错过了"有线互联网+",但只要抓住"无线互联网+",照样能够奋起直追,实现跨越式的发展。

在21世纪初,绝大多数的人还不知道互联网是什么东西,那时候的互联网离人们的生活还很遥远,人们想上网只能去为数不多的网吧。短短十几年的时间里,互联网发生了翻天覆地的变化。未来的企业,互联网会和水、电一样成为企业的必需元素。现在在一些企业的办公场所如果没有Wi-Fi就感觉很落伍,这在十多年前是不可想象的。如今企业的无线网仅仅用于通信,如何将其运用于生产和企业管理中,是"互联网+"的重点内容。

当"互联网＋"成为时代潮流之后，其中蕴藏的商机会越来越少，因为那些显见的大众都有能力开发的商机早被那些捷足先登的人占有了。抓商机犹如运动场上打飞碟，只有预测飞碟轨迹后提前瞄准，才能百发百中。如果瞄着飞碟打飞碟，肯定要落空，因为子弹和飞碟都要飞一会儿。就像排球比赛中的打时间差，这是一种制胜的绝妙技术。当"无线互联网＋"还没有被大多数人识别和利用的时候，其中隐藏的商机是最有价值的。

4G 手机移动网络下载速度比 4M 有线网快 20 倍，随着无线网络技术的不断进步，速度还会越来越快。未来的工业 4.0 主要依赖无线网络传输，无线互联网络是互联网发展的大方向。提前制订"无线互联网＋"行动计划，为企业快人一步的发展抢占先机，是有眼光的企业的聪明策略。

Wi-Fi 局域无线网络如今已经很普及了，城际无线网络已经在路上了，不久的将来即会变成现实，微波接入的全球无线网络已经有人在研究，迟早会完全替代有线网络。感觉很遥远，其实在眼前。想想中国的寻呼机时代，最辉煌的时候也就仅仅是在十几年前，其后一两年间便土崩瓦解，被移动电话取代。有线网络兴盛了没有几年，便出现了无线网络，而无线网络是目前的焦点，但肯定不会是终点。科技进步日新月异，一切都有可能。"互联网＋"行动计划不但要脚步快，更要有超前意识。

以前的电话叫座机，是放在桌子上或者挂着使用的，发展到后来，电话成了手机，是揣在口袋里拿在手上使用的。未来的通信工具或许都不叫手机了，而是其他一种什么新的物件，相当于一台功能强大的电脑——这种移动电脑完全依赖于高速化无死角的无线网络。随着卫星技术的发展，未来的无线网络不需要地面基站，而完全利用高空的网络卫星。

如今备受关注的无人飞机、无人驾驶汽车等，说到底依赖的就是无线网络传输技术，进入工业 4.0 时代后，不仅仅飞机和汽车实现无人驾驶，生产产品的整个车间都采取无人操作，工人不是在车间的流水线上，而是坐在办公室的椅子上制造产品。"无线互联网＋"是未来市场竞争的制高点，谁抢先占据这个制高点谁就是市场的赢家。

无论是哪一个行业，服务业也好，实体制造业也好，金融业也好，都面临同样的挑战——网络化的挑战，所有行业都将被互联网改变。对于能够主动进入的企业来说，挑战也意味着是一次难得的机遇。而对于那些观念保守、眼光短浅、行动迟缓的企业来说，挑战也是灾难。

从理论上讲，在"无线互联网＋"的挑战面前，每个企业应该都有属于自己的出口，但实际上肯定不是这样，一批企业在"互联网＋"的浪潮中被拍死在沙滩上，而也有一批企业则乘着"互联网＋"的东风登顶山巅。

"互联网＋"与开启、开放、开源

企业的转型升级是一项复杂的系统工程，转型是企业经营项目类别上质的变化，相当于一辆行驶在高速路上的汽车，因为某种需要，要实施"变道"，由这个车道驶入另外一个车道，总之是企业需要换车道行驶，需要清晰地知道企业的真实现状和真正需求，还需要瞻前顾后，查明环境情况和行业态势等；升级是在质不变的前提下提升数量级别，目的是增速和增效。不论是转型还是升级都不可以任性而为之，靠热情和激情成不了事，需要有正确的指导思想，有清晰的预测和判断，在正确的理论指导下进行。

"互联网＋"行动的策划和实践需要秉持三大理念：一是开启自觉；二是开放态度；三是开源创新。

第一，自觉的行动必然是自愿的，企业要开启"互联网+"的自觉意识，而不是被逼迫下的消极应对。自觉开启"互联网+"行动计划，能更充分地激发企业的内在潜能，更好地调动企业的积极性和主动性。"互联网+"毫无疑问是企业的必经之路，不要对此有任何怀疑，互联网之下的数据经济和云经济是每一个企业都无法避开的问题，对于制造型企业来说，智能化是信息化之后的必然趋势，只有朝向智能化方向转型和升级，企业才能求得新生。快人一步进行"互联网+"就能快人一步抓住商机，更多地分享到智能化改造的红利。优胜劣汰是自然界所有动植物生存的法则，也是企业生存的法则，商场没有救世主，只有靠自己的能动性时时创新、事事上进才能赢得生存的权利。

第二，对于一个国家来说，闭关锁国绝对没有出路；对于一个企业来说，无论在任何时候都要有开放的态度，乐于尝新尝鲜，不排斥新生事物，有固守但也有求新图变的强烈意愿和主动精神。与"互联网+"相对应的是创新 2.0，而创新 2.0 的最基本特征就是开放性创新。对于企业而言，商业信息属于私有资源，但是知识不是私有资源，对于知识要有共享的情怀。维基模式之所以成为流行模式，就在于它的开放性。代码数据和知识管理从封闭到开放是时代大趋势，你不愿与人分享，别人也不会与你分享，条块分割的资源就会极大贬值，大河水少小河干，这是很浅显的道理，只有大河水涨才能小河满。开放性的"互联网+"会推动形成高能量、大容量的共享型经济，对整体经济有利，反过来也惠及所有的企业。开放性是时代大趋势，政府工作要实行开放式管理，中科院开始实施开放式的科研和知识管理，企业也需要开放式的经营。开放带来的是透明，有利于求真防伪，有问题会得到及时反馈和纠正。公开性不仅仅是创新 2.0 的基本特征，也是互联网的基本特征，"互联网+"也必须是开放式的。

一方面，智能化是企业转型升级的阶段性的终极目标，智能化需要依赖大数据；另一方面，在智能化生产过程中，也会产生各种各样的海量数据，对于这些数据企业要有共享精神。对于制造型企业，未来的竞争力主要表现在三个方面：一是具备能够满足定制化生产的硬件设备；二是能够保证这些设备无缝连接的软件系统；三是大数据处理系统，通过对大数据的收集、整理、分析掌控市场信息，为企业生产提供数据"食粮"。对于自己的企业在生产过程中所产生的大量数据要无私地投放到社会的大数据平台上，与人共享。

在这样的过程中，互联网的功能好比高速公路，起到连接器的作用，贯通人与人、机器设备、产品服务等的联系。"互联网＋"好比建设高速公路，链接和激活智能化生产要素，建设协同创新的大众平台。"互联网＋"的目标是建设一个开放的共享的数据平台，企业需要有开放性的思维。

第三，开源与开放相辅相成，开放了也就开源了，就能得到和利用一切可以利用的资源。开源与节流是一个问题的两种行动方式，资源都是稀缺的，必须节约资源、减少浪费。"互联网＋"需要从开源与节流两个方向上相向而行，尽可能利用各种资源提升生产效能，另外尽可能降低生产成本以增加企业收益。对于资源而言，不但要会利用而且还要会挖掘，能直接拿来用的资源不多，企业需要挖掘所急需的稀缺资源并改造之。

"互联网＋"行动过程中，首先要重视信息资源的挖掘和运用。信息资源不仅指信息技术，也指含义更为广泛的各种信息数据。企业要想在O2O、C2B等模式的实践中胜出，不但取决于产品的技术参数和性能，还取决于对消费者的生活方式和心理需求、市场趋势的及时了解和把握。对于任何企业来说，掌握第一手的客户数据信息就掌握了市场主动权，通过分析这些信息，及时制定决策，对市场做出快速反应。其次，开源还需要善于利用新金融资源。对于许多中小型企业来说，资金瓶颈是一个普遍存在的问题，而新三板和创业板能提供有效的资金，利用这些新金融资源，使之转化成企业快速成长的市场价值和市场竞争力。对于大型企业而言，在企业国际化的过程中，想法拓展海外融资渠道，有效运用它山之石来攻玉。除了上面的两个方面，活化企业的人才资源显得尤其重要。企业的竞争力说到底是人才的竞争，人力资源管理决定企业成败。在企业人才资源管理上要挖角和挖潜并举，不但要能吸引外面的人才进来，还要建立企业内部人才成长的机制，许多企业缺的并不是人才，而是对于人才的发现、培养与激励，要激活企业内部的创新资源，激发员工的创新活力。

"互联网＋"时代的企业是有竞争但更需要具有合作性的利益共同体，需要一起面对互联网时代的挑战，需要共享知识和经验，需要合理分配市场红利，需要共同挖掘市场需求，协同构建以技术与资本等为纽带的产业价值链，本着开放和开源的理念紧密合作、共享和创新。

创客浪潮：企业创新及个体创业

不光是政治有民主化，经济也有民主化，市场经济就是民主化经济，创新2.0就是民主化的创新。民主化创新就是大众创新。创新不再是科研单位和专家的事，而是人皆需要创新，走的不是精英路线而是群众路线。信息技术与互联网经济的发展、信息和知识的扩散推动了创新的民主化进程，新技术革命浪潮汇同经济发展转型、结构调整，带来了创新驱动发展的新常态、新格局。

"互联网＋"走的是具有中国特色的创新2.0之路，追求的是在新常态下我国经济的可持续发展，实现经济协调发展。我国已经确定要改变原来的经济增长模式，实现经济发展方式的转变，依靠创新驱动开辟内涵发展的新道路。

创新的浪潮是世界性的，不独中国所倡导。美国和英国提出第三次工业革命以及德国提出的工业4.0等都是基于创新之上的理念。大众创业、万众创新、开放创新为新常态下的中国经济带来新的发展机遇，目前中国社会创客浪潮遍布经济全领域，各地各层级的创新热情高涨，从通信技术到金融行业，从个人创业到企业转型升级，从制造行业到服务行业，各行各业的人们都在创新。尤其在两会上李克强总理提出"互联网+"行动，更加助推了创新热潮，也使得创新有了更加明确的方向和方式，使创新2.0与"互联网+"融合在一起，构建起新经济模式的实现路径和宏观理论框架。

"互联网+"是中国式的创新运动，必将推动我国下一个十年、二十年的经济发展，推动我国互联网时代的工业化革命。"互联网+"背景下的创新鼓励任何形式的创新活动，为经济发展营造出宽松的自主化的良好氛围，利于调动全社会的智慧。这从社会的角度看，其中蕴藏着以人为本的人文理念，不但具有推动经济发展的意义，而且也凸显出其社会进步的价值。

不论是我国的"2025规划"，还是德国提出的工业4.0，抑或是英美提出的第四次工业革命，其实质都是在创新2.0之下的工业发展新态势。信息革命以及智能化制造是终极目标，创新2.0是实现这一目标的手段。

工业1.0的机械化革命、工业2.0的电气化革命、工业3.0的信息化革命是在创新1.0的支持下完成的，而工业4.0要实现工业制造智能化必须依赖于创新2.0的支持。每一次的工业革命都既有继承性，更具有颠覆性的特点。第一次工业革命是劳动者从繁重的手工制作中解脱出来，实现了工业制造的机械化；第二次工业革命利用电作为动力，替换了蒸汽轮机，使制造业得到极大发展；第三次工业革命是工业制造不断信息化的过程，使工业生产业态发生了根本性改变；第四次工业革命是要通过构建CPS（虚拟—物理系统），依托大数据云计算和工业互联网，最终实现机器指挥机器的智能化生产。

我国十八大后推行"工业化、信息化、城镇化、农业现代化"发展战略，我国提出的"中国制造2025"以及2015年两会提出的"互联网＋"都是基于创新2.0之上，不依赖强大的创新力量，这些目标都难以实现。"中国制造2025"是目标，"互联网＋"是路径，创新2.0是工具，形成完整的中国式的工业发展体系，描绘出一幅从"制造大国"到"智造强国"的蓝图。今后的一二十年是我国工业生态革命的关键时期，不论对于企业创新还是对于个人的创业来讲都是一次难得的机遇，当然也是大挑战。

互联网化的发展大趋势

自从互联网在1994年登陆我国，到如今已经有了二十多年，这二十多年间互联网的发展速度可谓是日新月异。互联网不但改变了经济形态，同时也改变了人们的日常生活。如果说互联网改变了整个世界，一点都不算是夸张。眼下在"互联网＋"的时代大背景下，我国的互联网行业的发展趋势如何？在可以预见的未来一二十年里互联网会有哪些发展和应用？

首先，移动互联网是今后一段时期的主流方向，这一点已成定局。有线互联技术和网络已经相当完善，但移动互联还处于起步阶段，许多技术问题尚有待解决。从现在到移动互联成熟，预计大概需十多年时间。有线互联的终端硬件是 PC，移动互联的终端硬件是智能手机。近些年用手机上网的人数急剧增加，2015 年年底，手机上网人数占到中国网民总数的九成。这个演化过程充满商机，移动互联入口是商家必争之处。不但争入口，商家的触角还在进一步从线上伸向线下，争夺线下的资源。当移动互联网像现在的有线互联如此成熟的时候，互联网将再一次重新出发，朝着智能化互联网的方向进发。

其次，从互联网的类别分列来讲，发展趋势也比较明显。车联网已经改变了人们的出行方式，使人们的出行更加遂心、便捷、安全，车联网之下的智能汽车行业及其配套产品是商家的争夺点之一。线上教育如火如荼，"互联网＋教育"最近几年发展势头凶猛，行情一直稳步上升，市场前景也很喜人。企业互联进展也异常迅速，行业网络化范围不断拓展和延伸，互联网已经覆盖企业的全流程，从研发到生产，一直到营销、渠道、售后等所有层面，互联网都开始参与。在"互联网＋"的鼓励和促动下，互联网向企业的渗透速度和深度必将进一步提升。泛娱乐开始萌芽，受互联网的影响，娱乐产业空前繁荣，突破传统的发展领域，实现同一内容的多领域共生，各个行业都掺进娱乐因素，受众群体成倍扩增。互联网金融势不可当，互联网金融在 2014 年就呈现了迅速膨胀的势头，以其便捷性、低成本而广受大佬和创业者的关注，虽然 P2P（点对点借贷）网贷不被看好，且多有破产跑路现象，但数据表明，互联网金融的整体规模仍呈增长之势。任何行业和企业必须拥抱互联网，这是无法阻挡的大趋势。

再次，大数据、云计算等技术的应用会逐步走向成熟和普及。"互联网＋"时代注定是数据时代，大数据领域可谓是名副其实的蓝海区域，是一座待开发的富优矿山，在数据采集、归类、应用等方面都有巨大商机，前景广阔且诱人。

最后，互联网时代的电视概念必然会发生格局的变革。传统电视行业、互联网电视行业、视频行业将进一步联动和整合，最终会形成一个基于互联网技术之上的有机、高效的视频行业价值链条。

另外，随着移动互联技术的不断发展，作为移动互联终端硬件的手机也将越来越智能化，最终不再是传统意义上的手机了，而是微型计算机了，这是移动互联硬件发展的大趋势。

不仅仅是手机智能化改造，其他各行各业都需要移动互联背景下的专门的智能终端设备，如金融、娱乐、餐饮、家居、医疗、交通、生活等领域，都需要与时俱进的智能硬件。这一领域的商家争夺战已经开始了，将来会越来越激烈，这是一块很大的蛋糕。

总而言之，互联网的发展十分迅速。从有线互联网走向移动互联网，从媒体互联网延伸拓展到车联网、物联网、工业网、旅游网、创客网等，从有形的商品互联网化走向无形的服务互联网化如互联网金融、交通、旅游、生活服务等，催生巨大的O2O市场，从城市互联网走向农村互联网（以消费品为例，农村的电子商务渗透率不到10%，这意味着诸如淘宝、京东、苏宁等这样的企业的下一步巨大的增长空间），从消费互联网化走向产业互联网化……"互联网+"拉开了各行各业第二轮网络化进程的时代大幕。

关注商业最本质的东西

在"互联网+"的热潮中，既要积极思考和参与，也需要保持冷静。我国经济模式是从计划经济逐渐演变过渡而来的，准确地说属于混合制的经济模式，显然不属于计划经济体制，也与西方自由经济有很大区别，政府的介入性相对仍然比较强，法律体系仍然不健全、不完善、执行不力。制订"互联网+"行动计划时必须考虑这些环境的影响和作用力，也就是必须要考虑到中国式的商业本质。只有关注本质才不会出现严重的偏离，这也符合实事求是的原则。

完全的自由经济具有五大特点：经济人的完全自主性、市场准入的完全平等性、经济秩序的严格法制性、生存和发展的竞争性、经济环境的完全开放性。我国经济体制经过三十多年的发展和完善，已经逐步形成相对固定的运行格局和规则，但仍然在不断革新的路上。

"互联网+"行动不能只把注意力集中在战术层面，还要在大的战略层面多思考，多研究中国经济的本质。清晰了解我国的现实商业规则，理解其本质，看清楚企业所从事行业的过去、现在和未来。梳理一下在中国式经济市场中哪些本质性的东西是必须要遵从的，哪些是可以变通的，哪些是可以利用的。不要轻易地就认为互联网可以颠覆一切，试图利用"互联网+"来颠覆商业规则。其实能够改变的大多是形式层面的东西，本质的东西很难改变。互联网只是一种功能强大的技术工具，能够提供机会，能够改变形态，但很难动摇商业的本质。能够改变局域性商业本质的，没有其他，只有政治的力量。总之了解中国式商业的本质是"互联网+"行动成功的一大要素。

商道即人道，商道的本质是由人性的本质所决定的。研究商业的落脚点其实是研究人性，研究人的心理需求、消费欲望及其变化规律。"互联网+"型企业比那些运营维艰的传统型企业更能体察消费者作为人的人性，更能迎合人的各种需求，更能顺应人性的时代变化，所以总体来看这些企业的生存状况比传统型企业好得多。传统型企业输就输在保守上，企业家思维僵化，以自己的主观思维替代消费者的消费需求，缺少灵活机变，山不过来他也不过去。凡是成就一番大事业的企业家都是哲学家，都会辩证地看待经济问题。

不要太相信自由经济市场的等价交换原则，所谓等价根本就没有任何可以评价的标准，大多数情况下仅仅是资源交换而已。不论是企业还是商人，不赚钱是不道德的，但如何平衡社会责任及道德与赚钱的关系，如何扮演大经济社会中的小角色，诸如这些都是商业本质涉及的问题。有的人为了赚钱放弃了做人的最低道德要求，不顾一切，不择手段，制假贩假，毒大米、毒奶粉、毒水果、毒酒品……人们对所有饮品、食品都有忌惮之心。有的企业为了赚钱，全然不顾对环境造成难以恢复的污染和永久性的破坏。"互联网＋"行动中需不需要考虑这些问题？应该考虑，必须考虑，发展经济是为了提高人们的生活水平，当人们的生活受到经济毒害的时候也就偏离了其本质。"互联网＋"行动中，也要制订"互联网＋社会道德"和"互联网＋社会责任"行动计划。

我国实行了30年的计划经济，其弊端很显然，但也不能说计划经济就一无是处，对于"均贫富"的政治理想来说，计划经济是唯一的渠道。但是计划经济违背了商业的本质，只能"均贫"，很难"均富"。自由经济有利于激发企业的进取精神，生产要素和社会资源采取市场配置的原则，为了自身生存，相互之间就必须竞争，优胜劣汰，适者生存。企业的生存压力极大，当然企业是由个人所组成的，企业的生存压力最终落点是个人的生存压力。在严酷的压力面前，人们往往会向压力妥协，放弃做人的责任和原则，任性多于理性，其结果会导致资源的浪费和环境破坏，违法乱纪现象增多。另外自由经济必然会爆发周期性的经济危机，这是不以人的意志为转移的，是由自由经济的特点所决定的，也就是说由自由经济的基因所决定的。

市场经济是一个由千千万万的厂商和个人自主参与的交易形式，在市场经济中有一只"看不见的手"在指挥。这只"看不见的手"就是市场的价值规律。假定厂商打算做长久的生产经营和销售，商品的价格就会受供求关系影响，沿着自身价值上下波动，在交易过程中，我们常能看到同一种商品在不同时期价格不同，没有打算做长久的生产经营和销售的厂商，虽然很快被淘汰的风险很大，但是他们的获利也会非常可观。

市场无形之手其实就是价格，价格决定资源分配，供需影响价格，市场参与者决定了供需，参与者是大多数人，因此自由市场由多数人做决策。市场有形之手，即政府或垄断企业，是少数人做决策。市场经济就是左右手互搏，此消彼长，缺一不可。谁拥有话语权和定价权，谁就掌控了市场有形之手。市场无形之手制造了公平的不平等，垄断企业制造了不公平的不平等，政府要制造公平的平等。因此市场经济中政府的职能应该是打压垄断，保护市场无形之手，并弥补它的缺陷。价格政策、利率政策、税收政策以及补贴政策是政府的通常手段。

在微观角度（对个别消费者）市场调节经济是有效率的，在宏观角度（对全社会）往往是低效率的，并且必然发生供求失衡与周期性经济危机。实际上，这种周期性经济危机的可能性，在那种理想市场模型中已经隐含。即当供给大于需求时价格下跌，利润率下降，甚至无利润，导致投资必须自动退出这个部门的生产领域。但是这种投资过旺、生产力过剩即所谓"结构调整"，在现实中却隐含着严重可怕的社会代价。商品积压、工厂破产、银行倒闭、工人失业下岗，就是经济学中所谓的价格信号下落，利润率下降自动调节供给的必然结果。自由市场经济中，资本离开一个行业转移到另一个行业必须经过危机。

有一利就有一弊，在市场经济中，政府一定要发挥特有的功能，绝对不能像西方式的自由经济那样完全放手不管。市场经济政府的四大职能：打压垄断、鼓励竞争、规范市场以及激励生产。政府应该是理性的，社会应该是民主的，经济应该是自由的，公平和效率那是必需的。然而政府在实现这些职能的过程中依然面临巨大的压力，需要有办法进行突破。

基于互联网的"智慧企业"

"互联网+"行动重要的一个方面就是依赖互联网使企业智能化，按照某种数据化的程序运作，减少人为决断中常犯的主观性错误。越是智慧的企业，人的决断作用越弱，企业的运转主要靠机制，而越是传统的企业，人为作用越大，大小事情都由人来决定而不是数据化的程序决定。

有人认为小企业和初创企业可以靠个人意志维持运转，其实这种认识绝对有问题，会误导许多容易轻信的人和企业。在经济发展的后信息化时代，企业必然要向智能化的方向转型。大型企业虽然更需要靠机制来维持运转，但中小企业从一开始也要有智能化意识和追求。在创新2.0的环境下，在新一代信息技术的环境下，智慧型企业将会是未来企业的基本形态。

智慧企业必须要有智能型的硬件设施，必须在泛在网络支持下工作，使企业部门各环节实现智能化链接。钱学森提出过一个大成智慧理论，这个理论完全可以作为研究智慧企业的理论基础，当然也可以独辟蹊径，总之对于智慧企业的研究将会随着"互联网+"的推进而成为企业研究领域的热点。

许多人并不十分明白什么是智能化企业，甚至不甚了解什么是信息化，对于信息化智能化给企业带来的利益不能确定，感到迷惑不解。

智慧企业必然是建立在企业深度信息化基础之上的，离开信息化谈智慧企业显然是无源之水。这种信息技术包含了传统的计算机技术，让企业在很短时间内把数据整理好；让企业主管和工作人员明白企业每一分钟的表现，使企业的决定有科学依据。在信息时代，现代化企业应该是智慧型企业，就好像讨论办公楼的时候，不是智慧型办公楼就不是现代化办公楼。企业也一样，只有信息化企业才能有资格被称为智慧型企业，也只有智慧型企业才能成为现代化企业。

利用信息技术将一系列构思、考虑、计划有效串联起来，互相配合，达到最理想效果的营运过程，这是企业信息化的一种定义。信息化代表了企业管理深远的思维方法和态度的改变，配合了信息和资金投入的管理体系，实现最有效的管理。

智慧企业还包含企业家对企业目标期望值的改变。企业家应该认识到他面对的市场是什么样的，他的产品需要如何改善才能去应和市场带来的信息，如果他的商业模式已经不符合这个时代的需要，他可能需要改变这个模式。戴尔电脑就是一个很成功的例子，他们认为计算机应该适应市场和顾客的需要，就非常快速地做出了改变，因此戴尔能不出十年就成为计算机行业的老大。

智慧企业信息化的建设大致有这样几个阶段：低级信息化阶段。其基本特征是企业实现无纸化办公，办公室有电脑有互联网，有企业独立域名，联系方式中网络工具是主要的。这样的状态是企业信息化最为基础的要求，也是最低标准。中级信息化阶段。其特征是电子商务成为企业的主流模式，企业具有初步的信息化管理程序，企业运营依附于信息化的框架。高级信息化阶段。其特征是企业管理全面信息化，大数据云计算等成为企业运作新常态。当企业发展到高级信息化阶段的时候，企业也就成为智能化企业了。

企业"互联网+"行动中智能化建设的推进有许多方法：聘请专业机

构或公司对企业进行智能化改造，类似于传统的系统集成（SI）方法，将企业的各个部门和工作流程都搬到电脑上。也可以采取循序渐进法，先运用适合的互联网应用服务或者行业平台，对企业的局部进行智能化改造，在逐步推进局部智能化的过程中全面改造企业组织结构和运营程序，最终自然而然地发展到全面智能化。

我国可以依托于大数据云计算和行业互联网，从国家层面建立一个完全开放的信息服务体系，创建一个普适的应用模式，使各类企业尤其是那些传统企业被动进入信息化的轨道，对其进行管理模式的改造。政府发挥有形之手的功能建设一个良好发展的互联网应用服务行业市场，让服务提供商通过市场机制推动企业智能化建设。服务提供商给企业提供低成本的解决方案，让企业快速且规范地进入智能化模式。互联网刚开始兴起的时候，当时的美国总统克林顿专门制定了一项政策，要求美国孩子都要会上网。美国为什么一直在互联网行业处于全球领先地位？政府的鼓励和推动起到重要作用。我国要在下一轮企业网络化进程中不落后，政府要积极推动"互联网＋"行动，提供政策和资金支持，组织相关的活动和教育培训，为企业智能化改造开启方便之门。

"互联网＋"与企业的形态

企业形态其实是一种静止状态下的理想形态，由于其形态特征明显，所以能够清晰地予以识别。现实中的企业形态都是过渡形态，特征表现比较复杂，甚至会让人感到眼花缭乱，有时低级形态中出现高级形态的某些功能特征，识别企业形态往往要综合考量。

没有什么本来的企业形态，不要把思维拴死在既定的框框里。形态就是看起来的形状和呈现的状态，企业的形态可以从许多方面观察，企业形态的总和所表现出来的实质是企业的生存状态，企业形态反映企业生态。企业总是以各自的形态存在于经济大环境系统中，形态是品牌的重要构成元素，呈现出被人识别的各种符号。"互联网+"中，企业形态是需要考虑的重要问题。比如小米之所以发展成为巨型公司，是对企业形态进行了创新，不同于传统意义上的所谓的经典模式，而是一种"合伙人形态"。正是这种极具效率的形态为小米的快速发展提供了保证，增强了网络时代手机市场的竞争力。"合伙人形态"可以借鉴但不可以复制，不同行业有不同的特点，不同企业有不同的实际情况，机械地照抄照搬容易水土不服，不但无益而且有害。

形态由结构组成，各结构间相互关联和作用，形成平衡状态。企业的形态差异源自结构不同，由结构存在差异所致，企业形态改变也因结构发生变化。分析企业形态需要剖析企业组成结构：股权结构、治理结构、组织结构、人才结构、管理基础结构、价值单元结构、客户结构、产品结构、文化结构、价值创造能力结构。形态与生态相匹配，在生态发展过程中，每一次市场生态演变都会带来企业形态的改变。这种演变是为了更好地适应市场生态的变化，可以理解为是市场自然选择的结果。

企业"互联网+"时代机遇

中国经济进入新常态，社会进入转型期，企业面临大变化。体制改革带来时代的红利，经济发展内在动力强，发展空间广。企业要做"时代的企业"，适应时代要求，突破时代挑战，抓住时代机遇，实现突破性成长。

衡量经济能不能持续发展，关键看社会对财富的渴求，这种渴求是推动经济发展的内在动力。人们追求财富，希望过上更有尊严的生活，这是经济发展的原动力。希腊的社会福利很好，百姓富足，贫富差距小，幸福指数高，但为什么国家频临破产的边缘？原因很多很复杂，各人的观点不尽相同，但有一点值得人们思索——人们都贪图享受，对财富没有强烈的渴求。国家靠举债度日，都快要破产了，而人们仍然渴求享受休闲，而不是渴求财富。

还有一个因素就是看有没有"发展差距"。差距产生需求，需求是经济发展的源泉——经济学的基本原理。中国 GDP 全球第二，但人均 GDP 还很低。我国在产品的精良方面比不过德国、日本，科技含量方面比不过美国，环保方面比不过欧洲许多国家。国内也存在诸多"发展差距"，如城乡差距、中西部差距、行业间差距等。另外我国虽然是制造大国，但远非制造强国。人们的消费层次提高了，但商品品质没有明显提高，形成消费需求与产品品质之间的差距。人们对商品质量要求很高，但国内假冒伪劣产品不少，这也是差距。国内像华为这样有理想、有作为的企业太少，这不是什么好事，但从某个角度讲也是好事，说明中国企业提升的空间很大。这些差距能激发出巨大的需求。从"发展差距"来讲，我国的经济发展空间仍然很大。

企业有没有前景，要看有没有活力。如果都不思进取，只会抱怨不思改变，没有压力感，公司就不可能有活力，没有活力的企业离死不远了。企业要发展，就要处于"持续激活"状态，激发创新冲动。国家也是如此，没有活力的国家没有希望。虽然我国处于转型阶段，很多结构性的问题非常突出，但社会充满创新的活力。

有的人看问题很片面，认为中国经济增长放缓，企业转型的压力很大，许多企业的日子不好过，前景堪忧。说许多企业经营不下去了，许多老板拿钱跑路了。说这话的人没有仔细分析死掉的都是些什么企业，跑路的都是些什么样的老板。专做假冒伪劣商品或者高耗低效的企业死掉有什么不好？让那些成天琢磨如何赚黑心钱、如何贿赂贪官的老板跑路有什么不好？应该为这样的企业死掉而鼓掌，为这样的老板跑路而叫好才是。转型升级的过程也是优胜劣汰的过程，凡是有好产品（好服务）的企业都活下来了，而且活得很好，如华为、联想、海尔、格力、腾讯、阿里巴巴等。

在"互联网+"时代，有一个概念必须要提出来——结构性创新。结构性创新也可以叫"积木型创新"，虽然积木不是我生产的，但我可以变换结构组合出新形状，这也是创新。比如我国的高铁技术就属于结构性创新，虽然单个模块都不是原创，但我们把德国、法国、日本技术融合到一起，通过结构创新，整合成具有自主知识产权的新技术。结构性创新也是创新，这样的创新模式恰恰更适合互联网时代以及经济全球化的时代特点。运用全球资源，盘活中国经济，再向全球市场渗透。

目前我国正在进行深度的政治体制改革和经济体制改革，无疑将带来新的发展机遇，逐步释放改革的红利。比如，推进国企混合所有制必然带来经济发展的红利，突破国有企业人才管理的体制弊端是很本质的改变，国企资本实现多元化为国企管理机制改革创新创造了条件。再比如行政审批权的简化和放权为优化市场环境提供了条件。还有国家推进自贸区建设也有很长远的考量，说明中国经济进一步对外开放，必将释放很多商机。除了上述一些方面，国家推进依法治国力度，以及强力反腐对于经济市场秩序的整形、打造优质的商业环境、提供公平竞争的机会都有十分积极的促动作用。

国家将创新驱动作为国策使我国创业精神开始回归。新一轮"互联网+"

大潮推动新一轮创新运动。调查显示 90 后比 80 后和 70 后的创业意识更强。70 后和 80 后的创业愿望不到 1%，90 后的创业愿望则是 6%（美国是 25%）。现在"海归"不再把政府部门或央企作为就业主渠道，而是将创业作为首选，这些都是好现象，说明我国年轻人的创业意识越来越强。

我国的经济结构正朝着不断优化的方向发展，互联网经济发展速度远远超过传统经济，服务业发展势头良好。在"互联网+"的推动下，商业新模式不断涌现，新型产业蓬勃发展，互联网应用型企业正在推动传统产业转型升级，释放出很多新机会，开辟出更为广阔的发展空间。未来 20 年，中国经济仍将保持稳定的增长势头，保持持续的发展。

中国"互联网+"生态系统

2014 年是中国互联网诞生 20 周年。经过 20 年的发展，中国互联网经历了从无到有、从小到大、从大到强的发展过程。在互联网的应用方面已经积累了一定的经验，互联网已经深度介入社会的方方面面。

互联网对于社会的改变有目共睹，社会交往形态发生了巨大变化，人们感受到了互联网介入经济领域带来的影响，人们的消费观念、模式、体验等都发生了根本性变化。推动这些变化的两大力量：大批"首吃螃蟹"的互联网创业家及其所创建的新兴互联网企业，如淘宝、京东、腾讯、百度等；与人们生活密切相关的行业与互联网的结合使人们原有的生活模式发展了很大变化，如"互联网+通信""互联网+银行""互联网+交通""互联网+物流"等。

随着"互联网+"概念成为新时代的潮流，互联网的应用必将不断加深和扩展，互联网的影响力必将越来越大。

在国家经济中互联网经济越来越重要，互联网对传统企业的改造正在如火如荼地进行中。在"互联网+"的过程中，出现了"有事问度娘"的百度，"你可以没有电话但不能没有QQ"的腾讯，将"买东西改称为淘东西"的阿里巴巴，"上天猫，就购了"的天猫。还有其他一大批成功企业和企业家，如小米的雷军、京东的刘强东等。他们无疑是互联网经济的引领者，也是互联网时代的"民族英雄"。一些互联网企业逆袭传统的硬件厂商，开创"互联网+智能电视"使传统电视生产企业压力重重，线上支付、余额宝和P2P网贷等正在蚕食着传统银行巨大的市场蛋糕，"互联网+速递"使中国邮政的声誉日薄西山，"互联网+网上购票"使无数火车票代销点关门大吉……

面对互联网企业的强大攻势，传统型企业再也坐不住了，再不行动就只能坐以待毙。传统企业开始纷纷触网，海尔等传统行业的龙头企业"互联网+"的动作幅度很大，从管理理念到服务流程都彻底进行互联网化改造。中小企业也都在琢磨自己的"互联网+"行动计划。

大数据时代与"互联网+"

微软的史密斯这样说："给我提供一些数据，我就能做一些改变。如果给我提供所有数据，我就能拯救世界。"

互联网时代，数据成了另一个巨大的宇宙，而且这个宇宙还在不断扩张。预计到2020年，数字宇宙规模将超出40ZB。地球上所有海滩的沙粒加一起估计有七万零五亿亿颗，40ZB相当于地球上所有海滩沙粒数量的57倍。

数字宇宙前所未有地不断膨胀，但全球仅有 0.4% 的数据得到了分析。可见，大数据应用是一块肥沃的尚待开垦的处女地，是一块巨大的蛋糕。

大数据正改变着未来，大数据价值点在于对其进行专业化处理，从中发现某种规律。大数据产业实现赢利的关键在于数据的加工能力，通过加工实现数据的增值。大数据需要处理才能成为信息资产，这些海量、高增长率和多样化的信息资产能够使决策力、流程优化能力、洞察力更强。

大数据可分成大数据技术、大数据工程、大数据科学和大数据应用等。目前人们谈论最多的是大数据技术和大数据应用，工程和科学问题尚未被重视。大数据来源于物联网、云计算、移动互联网、网络日志、医疗记录、呼叫记录、车联网、手机、平板电脑、军事侦察、PC、电子商务、摄影档案、互联网搜索索引、遍布地球各个角落的各种各样的传感器等。

企业数据蕴藏着许多价值，掌握人员情况、工资表、客户记录等对于企业至关重要，这些数据都可以转化为实用价值。记录人们在商店购物的视频、在购买服务时的行为、如何通过社交网络联系客户、是什么吸引合作伙伴加盟、客户如何付款、供应商喜欢的收款方式……这些场景都提供了很多指向，对这些数据进行分析，就能得出许多有价值的结论。但很多公司只是将信息堆在一起保存，而不是将它们作为管理工具，发掘其中的价值。数据是决策的基础，是深入了解客户的手段，是业务部门的生命线。利用大数据分析能够更加贴近消费者、深刻理解消费者需求、作出正确的判断。未来属于能够驾驭数据的公司，比方说政府公布的道路和公共交通方面的数据，如果善于分析，就能从中发现商机，依此为依据研发出具有潜在需求的新产品。

全球互联网巨头如 EMC（易安信）、惠普、IBM（国际商业机器公司）、微软等通过收购大数据相关厂商来实现技术整合。最早提出大数据时代已经到来的是全球知名咨询公司麦肯锡。麦肯锡指出，数据已经渗透到每一个行业和业务职能领域，逐渐成为重要的生产因素。麦肯锡的报告发布后，大数据迅速成为了计算机行业争相传诵的热门概念，也引起了金融界的高度关注。数据是资产已经形成共识，如何盘活数据资产，为国家治理、企业决策、个人生活服务是大数据的核心议题，也是云计算的方向。大数据将引发新一轮经济热潮。

更深更广地理解"互联网＋"

互联网技术的发展催生了许多新兴的商业模式。商业模式其实质是对于商机的发现、把握和利用，是对企业经营形式和内容的一种创意，相当于平时人们常说的模板，当这种模板经过不断发展和完善后就形成了一种固定的模式。互联网技术介入通信系统后，催生出许多前所未有的新模式，如最近几年开始流行并普及的众包模式、众筹模式和威客模式等。

这些已有的模式不会是互联网经济模式的终止符，随着互联网行业的不断发展变化，必定还会产生类似的更适合企业和消费者的新模式。在企业转型升级的过程中，在"互联网＋"行动计划中，需要对商业模式进行研究和选择。从某种意义上来讲，企业的成败在于采取什么样的模式。模式可以复制，但创新的模式要么风险更大，要么赢利机会更佳。

众包模式是"互联网＋"很典型的模式创新。众包模式源自开源软件，公司把工作任务外包给大众网络，是创意十足的商业模式。将社会上不同的人们集合在一起，共同完成一项任务，把过去由企业员工来完成的工作变成一种社会化的集体生产。众包模式的意义在于证明了一群志趣相投的人能够创造出很好的产品，甚至比一些大企业所能生产的产品还要好。

众包模式是企业互联网化的产物，通过互联网招募社会上的能人，不但为企业节省了成本，还能生产出意想不到的优质产品。只有互联网化了的企业才能运用这样的模式，互联网化了的企业才能够充分利用网络资源。众包模式打通了社会上的能人与企业专业人士之间的"隔墙"，利用互联网这个通信工具，实现了跨越空间距离的资源整合。这种模式为SO-HO（家居办公）一族打开一扇在家创业的大门，使各类发烧友有了用武之地，企业也因此有了另外一条实现低成本高品质生产的渠道。众包模式的意义还在于节能，免去了来回奔波中的燃油消耗。

众筹的兴起源于美国网站 kickstarter，该网站通过搭建网络平台面对公众筹资，让有创造力的人可能获得他们所需要的资金，以便使他们的梦想有可能实现。顾名思义，众筹就是大家一起筹集资金。募集人采取"团购"或"预购"的方式，向网上的朋友发出告示，说明募集事件以及操作方式等，从而募集启动和运营的资金。国内外的众筹模式在付款方面有所差别。国外只要项目得到支持，就会全额。而在国内，为了保护支持者的个人利益，把付款分成两个阶段，先付一半用于项目启动，收到回报后再支付剩下的一半。

众筹模式与传统的集资比较，有联系也有区别，其更加开放，支持的人并非一定是为了赚钱，或许仅仅是因为喜欢、同情等。传统的集资是向周围人和向熟人集资，而众筹主要是针对陌生人，使得融资的来源不再局限于风投等，而可以来源于网络大众。

这种模式的最大受益者是小企业，对于那些有想法、无资金的个体创新者来说也是一个福音，可以通过在网络上展示自己的创意，赢得支持并得到网众的资金支持。众筹模式也给有小款额投资需要的风投公司提供了机会。以前的风投信息都是依赖于关系网和网络资料，众筹模式使风投公司有了另外一条渠道。风投可以利用众筹平台的资料，决定项目是否值得花时间。众筹平台对公司进行分类，以标准格式呈现，让投资者节省不少时间。众筹平台要求公司提供必要的数据，供投资者参考，帮助做决策。众筹平台使投资者形成一个群体，他们在相互交流中形成集体智慧，能做出更理性的决策。

威客＝智慧＋钥匙，指那些通过互联网把智慧、知识、能力、经验转换成收益的人。这种模式是利用互联网把知识、技能和智慧当作商品"卖"给别人，简洁明了地体现出经验、学识、智力等无形个人资产的经济价值。现在的互联网概念是电脑的连接，实质上是人脑的连接，威客理论使互联网概念有了新的内涵，这也就为互联网突破某些困局提供了理论依据。

中国提出威客理论的是刘锋，他对威客的定义是："人的知识、智慧、经验、技能通过互联网转换成实际收益的互联网新模式。"威客模式为知识和智慧的商品化提供了快捷的渠道和市场，利人利己。威客理论还认为互联网上的知识都具有或多或少的经济价值，可以作为商品出售。随着线上支付的逐步完善，通过互联网为知识、智慧、能力、经验进行定价和销售成为可能。威客模式或许将会终结互联网完全免费共享的时代，对于保护知识产权也有积极意义，互联网成为"抽象商品"的交易市场而不是免费供应站。

以上列举了三种商业模式，这三种模式本身具有很强的应用性，另外通过举例来说明"互联网＋"的深刻内涵，也说明"互联网＋"的创新特性。目前"互联网＋"的概念被炒得很热，但许多人对于"互联网＋"的理解则停留在望文生义的粗浅阶段。深刻解析"互联网＋"的内涵对于"互联网＋"的应用至关重要，不要把"互联网＋"局限于"互联网＋传统产业（企业）"，应该从更深更广的层面理解其意义、价值和应用性。

第五章

"互联网+"行动计划

李克强总理在《政府工作报告》中号召大家都来制订自己的"互联网＋"行动计划。"互联网＋"行动计划不仅仅传统企业需要，处于互联网时代的所有大中小企业都需要。对于传统企业而言，"互联网＋"的空间更大，需要补的功课更多更繁重。企业网络化实质是企业的信息化和智能化，不仅意味着电商，而是要制订"互联网＋"全面行动计划，实现企业彻底和深度的信息化改造，为开拓更大的价值空间创造条件，以此为始寻找新的增长点。如今已经全面进入网络经济时代，不触网企业就难以存活。所有企业都要进行脱胎换骨式的网络化的转型和升级，能否完成网络化改造决定企业的命运。

主动 "+"，不要被迫 "+"

社会上流传着这样一个说法："邮政行业不努力，顺丰就替它努力；银行不努力，支付宝就替它努力；通信行业不努力，微信就替它努力；出租车行业不努力，滴滴快的就替它努力。"这个段子从某种角度说明了正是因为这些行业做得不够好，才有了互联网公司施展拳脚的地方，从而可以倒逼这些行业去提高效率，加快创新。

确实有一些传统行业比较迟钝，对新经济不敏感，原因是多方面的，如行业机制落后、创新能力弱、对发展趋势缺乏预见力、行业高层没有进取精神等。优胜劣汰是市场经济的无情法则，不适应市场迟早会被淘汰，像柯达那样名噪数十年的跨国公司都倒闭了，任何企业不进取、不改变都会被淘汰。我国邮政行业的神经确实十分麻木，在其他快递企业的挤兑下无还手之力，假如完全推入市场的自由化竞争浪潮中，估计很快将难以生存。许多行业的改变都是在互联网企业的反逼下才开始进行的，主动意识弱。

主动与被动的区别很大，被反逼证明已经处于落伍者的行列里了，这时的市场蛋糕已经被人抢食，机会价值已经贬值。主动改变才能快人一步，在竞争中将会居于有利位置。不论从哪个角度看，守山总比攻山要轻松，当别人已经占据了大小山头，进攻战不得不付出更艰苦的努力。2015年被人称为 "互联网+" 元年，企业要有主动意识，赢在起跑线上。

主动还是被动主要取决于对"互联网+"的认识和态度上。如今的互联网虽然事实上已经改变了整个世界，但也总是有人对此不以为然，仍然迷信传统的力量，懒得拥抱互联网。在每一次的经济大潮中，胜出的总是那些先知先觉的积极行动者。现在看来电子商务也不过如此，但在十几年前只有马云清晰地预见到并付诸行动，因此登上金字塔顶的是马云而不是别人。在数字化时代来临时，富士迎着风口而变，实现了华丽转身，而被动的柯达则被经济新浪潮拍死在历史的沙滩上了。曾经的诺基亚在手机智能化浪潮中慢人一步，迟缓被动，进取心和创新精神不足，便被无情地推入行业的谷底。

"互联网+"的内涵非常丰富，只要主动融合，就能创造奇迹。有这样一种说法："百度干了广告的事，淘宝干了超市的事，阿里巴巴干了批发市场的事，微博干了媒体的事，微信干了通信的事，不是外行干掉内行，是趋势干掉规模。"传统媒体在尚未意识到怎么回事的时候，百度已经抢先一步抢走了它们广告市场的大蛋糕。当许多大型超市自我感觉良好的时候，淘宝早已经开始行动了，等超市感受到威胁的时候已经处于下风了。当电信行业反应过来的时候，腾讯已经抢走了社交通信的网络入口。当传统批发市场效益下滑的时候，阿里巴巴的网上批发业务已显露广阔的发展前景。不是李彦宏、马云、马化腾他们更有钱，而是他们更敏感、更主动，行动更迅速。

传统企业失去了"有线互联网+"时代，失去了机遇，失去了十几年，如今转眼到了"移动互联网+"的时代，传统企业必须得动身了，再不行动恐怕失去的不仅仅是机会，而是市场生存权了。"互联网+"成为时代的风口，"互联网+"行动"随风潜入夜，润物细无声"了。再过些年市场不再有传统企业之说，有的都是"互联网+"企业。所有面对互联网"洁身自好"的行业和企业必然退出经济市场的舞台，"互联网+"争的不是市场蛋糕而是市场生存权。

"互联网+"行动及策略

千说万说，重在落地。最终决定"互联网+"经济价值的是落地效果，如果未能完美落地，再美的理念和设想都不过是肥皂泡，看着美丽而已。

先来思考三个案例。

案例一：十几年前的诺基亚在手机行业是名冠三甲的跨国企业，十几年后这颗曾经的手机行业巨星快速地陨落了，以不足十几年前零头的价格被并购。十几年前有多少人在使用诺基亚手机？现在有多少人在使用？诺基亚的悲惨结局说明了什么？如何解读诺基亚的衰落？

案例二：在诸如波导、康佳等国产品牌手机尚未站稳脚跟就被挤下手机行业舞台的大背景下，小米开始着手进入手机行业。令人们意想不到的是小米仅仅用了三年的时间就实现了300亿元的骄人战绩，这绝对是一个奇迹，绝对不是一般人所能做到的。

案例三：众所周知，苏宁是我国商贸流通行业响当当的民族品牌。面对"互联网+"时代的到来，苏宁迅速制订了"互联网+"行动计划，开始认真研究、周密布局，规划O2O策略和开放平台策略，快速踏上转型升级之路。苏宁的行动得到资本市场的认可和积极响应，股价应声上涨数倍。在同行业中，苏宁走在"互联网+"的前列，首先分享到了"互联网+"的红利。

诺基亚未能跟上互联网时代前进的脚步，惨遭淘汰。诺基亚的衰落与韩国三星、美国苹果、中国小米等的兴起形成了鲜明的映衬，从中很清楚地看出诺基亚的衰落是"互联网+"未能落地所致。诺基亚肯定也有很好的"互联网+"行动计划，但未能完美落地，以至于功败垂成。而小米手机的成功也是"互联网+"完美落地的成功，这一点得到所有人的公认。小米手机完全依赖于网络，在线下找不到小米的主战场，小米一直战斗在online（线上）。手机尤其是数字手机虽然也属于新兴工业产品，但从市场的成熟度与使用的普遍性而言，也可以看作是传统的行业。小米无疑是"互联网+手机"的成功典范，也是比较彻底地实施了网络化的企业。相比小米，苏宁应该算作名副其实的传统型企业。苏宁是我国企业在传统创业时期脱颖而出的佼佼者，在时代进入互联网时代后，苏宁再一次实现了主动蜕变，积极投身"互联网+"的变革大潮，实现了华丽的转身。转身之后的苏宁的市场适应性得到极大提高，未来的路很长很宽广。

在"互联网+"行动中有三大策略。

1. 借船出海

借船出海比亲自划桨摇橹聪明得多，一样的目标，一样的结果，怎么省事怎么来，不在乎过程体验，达成目标就是胜利。或许有人会说，过程也很重要，过程当然很重要，因为结果就是由若干过程所累计得来的，但相比过程来说，实现目标则更重要。过程再华丽，却华而无实，那过程有什么意义和价值呢？追求过程不求结果的说法估计大多时候仅仅是一种借口或托词而已。孔明的聪明在于善于借势借力，借东风火烧曹营、草船借箭，精妙之处就在于一个"借"字。"互联网+"的目的是企业得到更大更快的发展，这也是"互联网+"行动的全部意义和价值。互联网经济是平台经济，这一点与传统经济区别明显，在互联网竞技舞台上靠单打独斗很难赢，生态圈价值链是制胜的法宝。抛弃个人英雄主义，要善于依靠圈子去战斗，乐于借力企业的生态系统图生存。

2. 出奇制胜

出其不意永远是商战中最好的策略之一。"互联网+"的手段都是企业的网络化改造，大同小异，出奇主要表现在企业网络化的路径上。犹如登山，目标都是山顶，不同的路线，情形会大不相同，直接影响登山的难易和速度等。路径的含义很丰富，包括选择的模式、方向、节点等。选择怎样的路径需要依据行业特点和企业资源等具体确定。

3. 找到支点

阿基米德说给我一个支点就可以撬起地球。互联网是杠杆，要撬动企业需要找一个最优化的支点。支点是时间点，也是事件点。"互联网+"行动说到底就是什么时间做什么事，是由时间点和事件点所组成的。所以在"互联网+"行动中管理好时间和事件，衡量时间价值和事件效应，选择在最正确的时间做最正确的事，让时间承载起企业梦想，把事件变成一粒粒珍珠然后串起来。

"互联网+"行动原则

自从李克强总理为"互联网+"做了广告之后，"互联网+"便

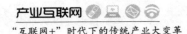
一夜间暴热而且热度持续不减，这是好事。政府和企业都在制订"互联网+"行动计划，互联网应用型企业更是成为所有企业求爱对象。许多人热衷于互联网行业，许多毫不相关的企业也都试图向互联网应用类行业转型靠拢。资本市场也开始追逐和青睐互联网相关企业，"互联网+"概念股一路凯歌。这不奇怪，资本市场历来对政策敏感，这是由股市的基因所决定的。此前资本市场也追逐过诸如游戏、传媒、大数据等之类的政策热点。从历史经验看，政策概念需要经得起时间的检验，只有那些真的能形成新商业模式的企业才能获得资本市场的持久关注。

不论是什么行业、什么企业、企业的规模大小、企业处于何种环境，"互联网+"行动都需要遵从一些普适的基本原则。

1. 追求效益原则

要理性的"互联网+"，而不要任性的"互联网+"。尽量寻找具有优质资源的互联网巨头或者并购优质标的，大树底下好乘凉或者发挥"1+1>2"的效应，而不是因劣质标的影响项目进展。"互联网+"不可只为了凑热闹赶潮流，而要追求实实在在的收益。

2. 存同求异原则

企业与企业的差异性很大，行业与行业的特点不同，地域之间也具有明显差异性，不盲目拷贝别人的模式，没有绝对的好，适合自己企业的才是最好的。借鉴、吸取别人好的思路和做法，学习中创新，创新中学习，针对自己企业的需求取长补短，量力而行，量实际而为。

3. 网以致用原则

"互联网+"要实用，不玩虚的，只做对自己企业有用的加法，去掉中看不中用的花架子。尽可能在企业原有业务上做加法，当然也不排斥以并购等方式介入其他领域，只要对企业发展有利即可。凡是对企业增效有利皆可为，凡是不利不可为。对企业目前的业务进行可行性分析，对做加法之后的发展前景做出预测，有利则为之。

4. 力量分配原则

企业的转型或者升级是长跑，比拼的主要是耐力，谁笑到最后谁才笑得最好，不在于一时一事。不过节骨眼上的爆发力和冲劲也不可忽视，文武之道一张一弛，有张有弛也是商业之道。

5. 创新带动原则

一定要以创新带动"互联网+"行动，借鉴别人的成功经验是可以的，但忌照抄照搬，死搬硬套，有时候抄近路走不一定很快，反而会因为"消化不良"等意想不到的原因而误了行程。始终跟在别人的屁股后面跑永远到不了前列，除非甘做二流、三流。没有创新的跟随跑风险也很大，人家发现有危险突然拐弯了，跟随着就有可能冲入深渊。

6. 舍近求远原则

企业进行"互联网+"是为了长远的可持续发展，不是图短暂的利益。要立足长远做加法，夯实基础，不贪图一时一事的荣光，不鼠目寸光贪眼前小利，打开视野把眼光放长远。

寻找适合自己的"互联网+"

在"互联网+"行动中，企业要有清醒的自我意识，清楚企业需要什么、不需要什么，少受环境情绪的影响。做企业与做人有相似之处，如何做人就如何做企业肯定没有大错。做人要有主见，做企业也要有主见，当然不是固执己见，是有充分依据的正确的看法。死犟不是主见是任性，知道优劣取舍才叫明智。对于别的企业适合的模式不一定放在自己企业就一定适合，因为再好的模式也都不过是外因，外因必须依赖内因才能产生功效。

"互联网+"对于每一个企业来说都是一次难得的升级机遇，在过去十几年的第一轮"互联网+"中，就涌现出许多成功的企业和企业家。如今是第二轮"互联网+"的开始，与第一轮相比有相同的地方，也存在很大的不同。不利的方面是竞争性更强，机会更奇缺，而有利的方面也很多，比如经过第一轮的加法，已经积累了许多经验和规则，踩着前人脚印走安全性好很多，避免走弯路远路。在第一轮"互联网+"行动中，绝大多数企业因为不明真相心里没底而选择了按兵不动等待观望的策略，因而错失机遇。第二轮"互联网+"拉开序幕后，所有企业都激情澎湃，因为都看到了第一轮首吃螃蟹者赚得钵丰盂满，确信"互联网+"中确实有黄金。诸如百度、腾讯、京东、淘宝等第一轮已经胜出的"互联网+"企业在第二轮"互联网+"的浪潮中，大都开始扮演互联网应用型企业，要么为第二轮才刚刚进入"互联网＋"的企业提供平台，要么提供某种入口，总之第一轮成功的企业不但享用了十几年的市场蛋糕，而且开始在第二轮进入的企业身上为自己赚取红利——这是人家应得的权利。快人一步者多获利是无可厚非的市场规律，也是企业进化的动力源。第二轮进入"互联网＋"的企业才刚刚依靠激情行动了，而在第一轮成功的企业已经不玩激情而玩力量了，正如马化腾坦陈的那样，已经走出了"历史的三峡时代，激情更少，力量更大"。当互联网被人使用有限的时候，互联网的价值很大，是互联网的暴利时代。一旦互联网像水电一样普遍，那么其价值显然会贬值，互联网应用将进入微利时代。

激情有了，关键看方法。这方法那方法，适合才是好方法。淘宝和京东成功了，因为马云和刘强东找到了适合自己的加法，他们的加法是"互联网＋传统的超市"。世纪佳缘成功了，是因为龚海燕找到了适合自己的"互联网＋传统的婚姻介绍所"。能不能找到适合自己的加法一靠运气，二靠理性判断和选择。机会永远存在，关键看能不能找到并抓住。凡是互联网尚未介入或者介入不深的行业或领域都是机会，因为未来的商业市场的各个角落都会是网络的世界，商业市场毫无疑问已进入泛网时代。即便是互联网已经介入的领域，仍然可以依靠无限创新或者进行细分来挖掘商机。将来所有的企业都普及了互联网的时代，依靠创新发现更奇巧的模式依然有巨大的红利。在前十几年的第一轮"互联网＋"行动中取得大成就的企业如淘宝、百度、腾讯等，在第二轮的"互联网＋"行动中并未停止加法行动，仍然在搜寻各种不同的加法。足以证明"互联网＋"是一个可以循环进行的过程，没有终止的时候。

未来的工作和生活，互联网无处不在。人们所处的所有场景中都会出现相应的网络硬件显示屏，在工作场景中有 PC，交通场景下有户外电子屏和未来的互联网汽车显示屏，家庭场景中有手机、电视和平板电脑。对用

户而言，他们不会关心上网的方式，不关心到底是有线网还是无线网，还是电信移动网络，不关心用的是什么显示器，他们只要求 online 即可，只要求能够随时随地和人保持联系即可。而对于商家来说，则充满商机。支持这样的生活形态就需要对目前几乎所有的商品进行"互联网＋"改造，只要用心，总能找到适合自己企业的"互联网＋"机会。

互联网加法很多，可以是颠覆性的加法，也可以是在继承传统基础上的某种创新改进。因为加法没有规律可循，所以判断究竟适合不适合的问题时也就没有什么绝对的标准。不过，也有一些基本的判别依据，比如在为用户创造价值的同时能够成就企业的自我价值，为公司的持续成长奠定一个快速增长的渠道和稳步发展的基础。

"互联网＋"：现在行动还来得及

没有最适合，只有更适合。只要用心找，每个人每个企业都可以找到属于自己的"互联网＋"。如何找到所在行业的"互联网＋"是每一个人要去思考的问题，无论哪一个行业，服务业、实体的制造业或金融服务业等都意味着将要被互联网改变，都会有"互联网＋"这样一个方式。在未来"互联网＋"将渗透到每一个行业，并结合多屏时代的特点逐渐创新。假若在 100 年前，有电的企业肯定是非常了不起的企业，但今天没有人以企业有电而引以为傲，因为电是无所不在的生活要素。未来二三十年所有的企业都是互联网企业，所有的企业都会被互联网武装起来，互联网将是一个基础设施。互联网在现在看来威力巨大，但在一二十年后则会变得像水和电一样的平常了。

在四五年之前，许多传统企业对于要不要"互联网+"不以为然，都有类似于这样的诸多疑问："要不要做这个事情？""假如我做互联网，会不会比现在活得更好？"如今这些企业都开始变得迫不及待起来，急着寻找"互联网+"的入口。"+"互联网不一定都能活，但不"+"则肯定逃脱不了死的结局。早点行动早得福，天猫和京东刚刚起步的时候，中关村数码实体店的生意十分兴隆，商城里只要有商铺空出来，立马就会有人高价接过去，但是现在天猫和京东的生意越做越火，而中关村实体店的生意则越来越难重现往日的繁荣景象了。实体店的生意都被互联网改变了，变化之迅速出乎许多人的意料。互联网这个划时代的工具改变了一切，颠覆了传统的商业形态，所有企业都必须通过"互联网+"来寻找出路，这是不得不面对的事实。

找到"互联网+"的入口就能很好地生存下来，找不到则会被淘汰掉。拥有一百多年历史的诺基亚公司，手机业务以72亿美金卖给了微软。而短短三年时间，小米树立起巨大的品牌。今天，小米至少值数百亿美元。

马云、马化腾这样的依靠互联网起家的优秀企业家始终没有停止寻找"互联网+"的脚步。支付宝推出了余额宝，天虹基金在短短20多天时间里，募集了66亿元资本，成为中国最大的货币市场资金。腾讯在互联网金融的道路上一直在往前走，推出诸如微信支付"一元购"等活动。"双11"是阿里巴巴为整个社会创造的一个购物节，11月11日成了电商和消费者的狂欢节，淘宝和京东等平台都会创造数百亿元的销售业绩，电子商务所展现的能力引人关注。天猫一直在推动线上线下的协同服务，阿里巴巴在"互联网+"的行动中毫不犹豫地收购了高德地图，之后的高德为支持"双11"，推出了基于地理位置的信息服务，阿里巴巴获取了"互联网+"收购行动的红利。

每一次的社会大变革其实就是一次温水炖青蛙的过程，最开始的时候都感受不到它的温度在升高，当感受到温度足够高的时候，已经没有力量跳出来了。在"互联网＋"的大变革中，曾经在温水中享受安逸的企业一时间都变得焦虑不安起来，急着逃脱难以忍受的困境。诺基亚 2001 年市值高达 1570 亿美元，但微软最终以 72 亿美元收购了诺基亚手机部门。诺基亚不是没有品牌价值，也不是因为资金不足，也不缺人才，主要原因是诺基亚这迟钝的青蛙没有很快地感受到上升的水温，当发现难受的时候已经错失跳出来的最佳时机。

"互联网＋"现在行动还来得及，不要因为没有赶上第一轮的抢滩登陆而焦虑。好在互联网仅仅是一种工具，什么时候拿起来都可以，虽然耽误行程，但并不影响最根本性的问题。企业的发展与模式自然有很大的关系，但商业的本质与形式关系不大，所以现在开始完全可以。不过假如再一次失去第二轮的"互联网＋"的机遇，恐怕会被时代完全淘汰掉了。

互联网介入经济将会经历的阶段

20 世纪 50 年代末，美国和苏联正处于冷战时期。当时美国军方为了使自己的计算机网络在受到袭击时，即使部分网络被摧毁，其余部分仍能保持通信联系，便由美国国防部的高级研究计划局建设了一个军用网，叫作阿帕网。阿帕网于 1969 年正式启用，当时仅连接了 4 台计算机，供科学家们进行计算机联网实验用。这就是因特网的前身。到了 20 世纪 70 年代，阿帕网已经有了好几十个计算机网络，但是每个网络只能在网络内部的计算机之间互联通信，不同计算机网络之间仍然不能互通。为此，美国国防部的高级研究计划局又设立了新的研究项目，支持学术界和工业界进行有关的研究。研究的主要内容就是想用一种新的方法将不同的计算机局域网互联，形成"互联网"。研究人员称之为 internetwork（互联网网络），这个名词一直沿用到现在。

我国第一条与国际 Internet 联网的专线是 1991 年 6 月由中国科学院高能物理所建成的，直接接入美国斯坦福大学的斯坦福线性加速器中心。直到 1994 年 5 月才实现了 TCP/IP 协议，完成了 Internet 全功能连接。1994年年初到 1995 年年初，北京大学、清华大学、北京化工大学、中科院网络中心等相继接入 Internet。1994 年 9 月中国邮电部门开始进入 Internet，建立北京和上海 2 个出口，1995 年 3 月底试运行，6 月 20 日正式运营。

我国 Internet 的发展历程如下。

1987—1994 年：这个阶段基本上是通过中科院高能物理所线路，实现了与欧洲及北美地区的 E-mail（电子邮件）通信。

1994—1995 年：这一阶段是教育科研网发展阶段。北京中关村地区及清华、北大组成 NCFC 网于 1994 年 4 月开通了与国际 Internet 的 64kbps 专线连接，同时还设中国最高域名服务器。这时中国才算真正加入了国际 Internet 行列。此后又建成了中国教育和科研网。

1995 年至今：该阶段开始了商业应用。1995 年 5 月，原邮电部开通了中国公用 Internet 网。1996 年之后各地 ISP（互联网服务提供商）纷纷开办。1996 年年底北京有了 30 多家。

可见互联网的发端并不是为了发展经济，而是因为军事。过了 20 年，到了 1970 年，互联网规模逐渐扩大，但仍然不是为了发展经济，而是为了各个计算机之间能够相互连接。即便到 20 世纪 90 年代，互联网在全球开始普及，但是互联网的应用仍然停留在通信层面。互联网真正介入我国的经济发展不足 20 年时间，互联网与经济的融合大概会经历如下三个阶段。

1. "互联网+企业"阶段——企业网络化

这是第一轮的"互联网+"时代，是孤军奋战的阶段。在这个时代成就了一批互联网企业，如阿里巴巴、腾讯、百度、京东、360等。这个时期互联网介入经济领域的主要表现形式是"点+互联网"，这个"点"就是单个企业，是"互联网+"的游击战。企业网络化的进程到目前为止尚未结束，甚至有的企业还没有进入到互联网时代，仍然沿用着传统的方式在经营。企业的"互联网+"行动计划首先要从第一阶段开始做起，无法越级融合。每个企业自身都有经历网络化改造的过程，要对企业价值链（各部门）进行网络化再造。这个阶段最典型的特征是营销网络化，销售终端、营销渠道、产品推广实现网络化，传统的营销价值链开始从线下走向线上，而且在线上大放异彩。

2. "互联网+产业"阶段——行业网络化

李克强总理在两会上提出来的"互联网+"更多的含义指的就是这个阶段的互联网化改造，虽然涵盖了企业的网络化改造，但重点则是行业网络化，如物联网建设、工业互联网、互联网金融等。对于那些失去了第一阶段网络化的企业来说，就必须要在这个阶段补上欠下的功课，先对企业自身进行网络化改造，然后才能加入到所在行业的网络化改造中来。这个阶段互联网与经济融合的主要表现形式是"线+互联网"，这里的"线"指的就是行业。比如"互联网+政府"，政府也可以当作特殊的行业，所有的政府都进行网络化改造。行业网络化改造中，政府对应的职能部门要发挥重要的推动和组织作用。

3. "互联网+互联网"阶段——经济网络一体化

行业网络化改造完成之后，国家经济就将进入"面+互联网"时代，实现不同行业之间的横向联网。第二阶段是纵向网络化，第三阶段是横向联合，打通行业之间的"隔墙"，形成大一统的经济网络新格局。连点成线，连线成面，互联网与经济的融合便进入智能化阶段，大数据云计算的价值得以极大地彰显。这个阶段将持续很多的时间，互联网企业的智能化水平不断提升。

未来属于懂平台和圈子的企业

信息化是互联网时代的鲜明特征，由于信息发生量大、传递速度快、传播面广，互联网时代的企业注定要在信息的战场上站得住脚，打赢商战首先要打赢信息战。仔细分析后发现，企业信息的来源渠道除了公共媒体，行业圈子和各类经济平台是高价值信息的主要渠道。商业圈子和经济平台不但是信息渠道，也是企业建立生态系统的两大支柱。

企业"互联网+"计划设计一定要有圈子和平台两部分内容，把商业圈子和经济平台作为两大网络化元素编进企业的"互联网+"行动中。有实力有想法的企业可以建立自己的平台，如果没有这个打算或不具备条件，那么就只能进入别人的平台，借别人的鸡下自己的蛋也是不错的选择。商业圈子也是一样的道理，可以自己建，也可以进别人建好的圈子。

平台和圈子都分两种，线上的和线下的。虚实结合，互为补充。小米

的成功也可以说就是线上圈子的成功，也是线上平台的成功。如何让平台和圈子为自己的企业利益服务是"互联网＋"重要的组成部分，具体实践则要依据企业实际情况，借鉴像小米这样的成熟和成功的范式。

平台和圈子的商业价值有待进一步开发。不要仅仅当作是获取高价值信息的渠道，或者培养粉丝的基地，或者寻找潜在客户的场所，其实平台和圈子隐藏着尚未被人开发的处女地。可以从不同角度进行研究开发，如从社会现象的角度进行分析研究，也可以从经济学的角度去研究，可以当作是一种模式，也可以看作是商机，甚至可以从哲学的角度看待平台和圈子。从多元的角度分析研究，就可以发现更多隐藏的使用价值。

平台和圈子并非互联网时代的产物，在互联网之前其实就已经存在，比如同学圈子、朋友圈子、老乡圈子、同事圈子等，互联网赋予传统的圈子线上的特征和组织形式，如微信圈、QQ 好友圈、网上虚拟社区的朋友圈、QQ 各类群等。平台也和圈子一样，在互联网之前就有平台，互联网只不过把线下的平台搬到了线上，沟通手段和活动形式变了，但本质没有变。公司是员工的平台，协会是会员的平台……从广义上讲，市场就是企业的大平台，企业的价值就是在市场这个大平台上实现的。不论是线上还是线下，平台无处不在，不管你在意不在意，平台就在那儿。平台比舞台的含义更广泛，舞台仅仅是提供演员表演的场合，而平台除了表演的功能，还有其他更多功能。

网络化改造不可舍本逐末

养花养根，根好花艳。什么是企业的根？根就是企业赖以生存的根本，核心竞争力是企业生存的根本。不要把"互联网+"想得华而不实、天花乱坠，"互联网+"其实就是给花换盆换土，让花长势更好，花开得更艳。换土移盆的时候一定得保护好花根，不要损及毛根，更不要说损坏了主根。不要清理根部的花土，最好是带着原来的花土移盆择舍。

互联网技术再怎么发展进步，始终改变不了互联网只是一种工具的特性，不要指望仅仅依赖互联网就能使企业起死回生——这里所说的是"仅仅"。影响企业生存的最重要因素归根结底还是线下的实体部分。对于这一点在"互联网+"的过程中一定要认识得很清楚，绝对不要舍本逐末，把所有的赌注一股脑都押在互联网上。互联网可以为企业锦上添花，也可以雪中送炭，但绝对不要以为互联网就是能够起死回生的华佗。关于这一点在前面也讲过，就是"互联网+"行动要回归到商业的本质上。

"互联网+"的实质绝对不是让企业都转型到与互联网相关的产业上，如果这么理解"互联网+"，那就是天大的误读误解。该生产香皂仍然生产香皂，只是借助互联网更准确地了解香皂市场的行情，实现精准生产，借互联网的力量提升香皂的品牌，通过线上手段疏通营销渠道，提升终端销售业绩。有的地方政府制订的"互联网+"行动计划显得很表象化，所有的计划内容就是围绕着互联网行业，要吸引阿里巴巴、腾讯公司、百度等来入驻，要为互联网企业提供金融支持等，都是隔靴搔痒，没有触及"互联网+政府"的本质上。当然假如企业是生产火柴的，那么很有必要脱胎换骨，因为人们都用上了一次性火机，火柴的市场需求极度收缩。要么就是升级做"火柴+文化"型的纪念性火柴，开辟另一片需求市场——但这样的升级转型与互联网的介入并无关系，互联网不介入也得这样想办法。不要面对"互联网+"激动得不得了，琢磨着怎么多买几台电脑多拉几根网线多开几家网店之类的事。

在"互联网+"之前先盘点企业的状况，最主要的是看清楚企业的核心竞争力究竟是什么。核心竞争力并不是所有的企业都一样，不要一提企业的核心竞争力，就认为是人才或者是其他什么。水浒 108 将所使的武器都不一样，没羽箭张清使的武器是石子，石子就是他的核心竞争力，板斧是李逵的核心竞争力，双枪是董平的核心竞争力。企业也是一样，各有各的拿手好戏。盘点清楚企业的核心竞争力之后，在"互联网＋"的过程中绝对不要伤及这部分内容。对于那些没有什么核心竞争力的企业，可以选择脱胎换骨式的改造，乘着"互联网＋"的强劲东风全盘抛弃重新开始都可以。

企业内部的价值链要不要再造，也需要实事求是，不需要的情况下就不要硬造。为造而造，得不偿失，不要感觉不伤筋动骨就对不起"互联网＋"。如果企业的内部价值链已经比较优化，那么适当调整一下就可以了。假如经诊断价值链问题突出，则要借助于企业网络化的机会进行再造。"互联网＋"行动企业内部的价值链再造主要着眼于以下七个方面：一是线上线下联动打造低耗高效的网络化整合营销模式，二是产品研发部门与大数据分析相结合，三是组织变革和企业文化建设中植入互联网的基因，四是企业形态创新，五是设置互联网专门职位，六是网络化的资本运作，七是重视粉丝效应和平台模式。

行业互联网化的基本过程

前面已经提到，互联网介入经济的第二个阶段是行业网络化过程。在行业网络化的进程中，政府对应的职能部门要发挥关键性的作用，起到抓总、推动、衔接和抓落实的作用。另外行业内的骨干企业主动积极地配合政府职能部门，发挥头雁的带动示范作用。

任何行业都是由大大小小无数个零散的企业所组成。有的行业具有良好的行业文化，形成抱团取暖的文化基因。但也有些行业内的企业为了争夺市场的同一块蛋糕，不但不抱团，还因为有竞争性的缘故相互争斗内讧，视同行为冤家，缺乏协作精神和分享意识。

行业互联化首先要强化行业文化建设，这项工作可以由政府对应的职能部门负责，也可以由行业协会等机构负责，也可以尝试组建行业董事会之类的机构来负责行业事务的协调和管理。通过行业文化建设，让行业内企业都认识到行业与行业内企业的关系，正确认识行业内企业与企业的关系。通过培育良好的行业文化，积极为行业网络化升级提供条件。

行业网络化改造要在行业内的资源整合上做文章，使行业内企业之间形成局部互补的行业价值链。或者形成集团出击的市场竞争战略，利用互联网将行业内企业组合起来，同频共振，互相借力，打造行业合力，变零打碎敲的游击战为有条不紊的集团化作战。行业互联网改造，功夫在互联网之外。

行业网络化改造具体到生产经营层面，则要在打造行业网络营销平台、塑造行业品牌形象、行业内生产资料分配等层面下功夫。一根筷子容易断，十根筷子不易折，同行不应该成为冤家，而应该成为"亲家"。

另外，还要协助行业上下游的互联网改造，提供必要的支持和建议。行业的上游是生产资料的供应者，行业的下游是批发代销商。上下游企业对于行业发展具有重大的影响，必须得共同进步同时成长。下游是企业的变现点，可以说下游就是上帝，要依靠互联网为下游提供优质服务。行业上游也很重要，在互联网化的过程中，要建立一套在不降低产品品质的前提下以降低成本为导向的科学高效的网络化采购机制和流程。

行业网络化改造要尽可能减少产品的中间流通环节，尽可能使营销结

构扁平化。关于渠道扁平化，有一个典型的模式——F2R（从工厂到线下零售终端），把多个渠道环节扁平化，直接供货给线下零售终端，提高供应商销售收入，降低线下零售终端的采购成本，提高供应链效率。

优化供应链，改革供应链金融模式。主要有如下一些内容，如从原材料采购到成品分销的全产业供应链优化、在线供应链金融和物流的结合、以销定产的柔性快速反应供应链（C2B）等。

在小行业网络化改造完成之后，要开始运作大行业互联化升级。工业4.0的目标之一就是实现工业企业的互联化，而工业是一个很大的门类，其中包含了诸多子系统。相比于小行业互联化，大行业互联任务更艰巨，工作量更大，建设周期也更长。大行业建设完成且发展稳定之后，互联网时代就将进入互联网介入经济领域的第三个阶段——经济网络一体化阶段。

互联网思维引领"+"行动

互联网思维的提法据说最早是李彦宏提出来的，其后2013年中央电视台做了个节目，主题是"互联网思维带给你什么"，于是这个词开始走热。和"互联网+"一词的产生和走热过程极其相似，印证了营销推广中的平台效应和明星代言原理，值得企业和广告人玩味。

"互联网+"行动之前，先要学习和培养互联网思维。培训机构以"互联网+"为主题开讲，是"互联网+"带给培训行业的商机。真懂互联网的企业不少，但不懂或似是而非的也不少。假如连互联网是什么都说不清楚，也就不可能进行互联网思维，"互联网+"也就无疑是盲人摸象，摸到什么就是什么了。

对互联网思维的理解五花八门，比如前微软亚太研发集团主席、百度总裁张亚勤认为："互联网思维分为三个层级：层级一是数字化，互联网是工具，提高效率，降低成本；层级二是互联网化，利用互联网改变运营流程，电子商务，网络营销；层级三是用互联网改造传统行业、商业模式和价值观创新。"联想集团执行委员会主席柳传志说："从结果来解读，互联网思维与传统产业的对接，会改变传统的商业模式。大致会产生这么几个效应：长尾效应、免费效应、迭代效应和社交效应。互联网思维开放和互动的特性，将改变制造业的整个产业链。运用互联网思维，制造业链条上的研发、生产、物流、市场、销售、售后服务等环节都要顺势而变。"人们从各个角度解释互联网思维的含义。对于互联网思维的含义当然可以解释得很具体很深入，甚至可以以此为书名写无数本书。但有一点是毋庸置疑的，那就是互联网思维就是围绕互联网思考问题。对互联网的认识不同，那么对于互联网思维的理解也就不同。

互联网思维其实就是"互联网+"思维。互联网之所以能够在全球普及，是其具有强大的适用性。互联网的社会价值在于能够给人们带来便利，互联网的经济价值是能够给企业带来商业利益。一言以蔽之，互联网能够极大满足人们的需求。需求是产生价值的基础，需求强弱是衡量价值大小的量器。

互联网思维首先从不排斥互联网开始。前多少年互联网还是一个被传统机构边缘化的事物，很少见政府专门为了互联网出台什么政策。也就是在最近几年互联网才逐渐被正名，互联网真正走上了经济舞台，这与阿里巴巴、腾讯、百度等企业在市场搏击中取得骄人战绩是分不开的。经得起时间和实践的检验，那一定就是真理。马云、李彦宏、雷军、马化腾等的胜利，其实是互联网的胜利，他们应该感谢的不是其他而是互联网。

在"互联网＋"行动中，必须研究透彻互联网思维问题。互联网思维可以研究得很细，分门别类研究。比如互联网营销思维，研究互联网在传统营销领域的应用价值及应用方法。互联网最先介入的行业是媒体和通信，互联网最先显示其价值的企业领域是营销环节。靠互联网营销思维成功的案例很多，小米是最为典型的成功案例。互联网营销思维的核心是粉丝、渠道和平台，打造商品的网络品牌——利用网络提升品牌价值，集合诸如 SNS（社交网站）、微信、微博、百度搜索、垂直网站、分类网站、社区、论坛、自媒体等各种形式的 Web 2.0（第二代互联网）平台，利用一切可以利用的网络营销资源，颠覆传统营销模式。

除了互联网营销思维，还有很多，与企业运营有关的所有环节都要进行互联网思维，研究互联网的应用价值和应用方法。比如互联网价值链思维、互联网组织结构思维、互联网流程思维、互联网产品研发思维、互联网客服思维、互联网人力资源管理思维、互联网企业文化建设思维等。给企业的所有环节都打上互联网的烙印，嵌进互联网的基因。

知识经济、信息经济、创新经济等是互联网经济的鲜明特征，"互联网＋"的终极目标是实现生活和生产的智能化，使制造企业工人"办公室化"（蓝领工人白领化），使公司职员高端化，使生产过程机器人化、无纸化……互联网思维要从诸如此类的诸多角度思考、分析和研究问题。任何对"互联网＋"的粗浅理解都有可能使"互联网＋"行动躯壳化，流于形式。

企业的"互联网＋"模式

企业的互联网化是一次时代的浪潮，在第一波浪潮中，马云、马化腾、李彦宏、雷军等人是名副其实的弄潮儿。第一波浪潮过后，他们平稳地落在实体经济的沙滩上，并筑起一座辉煌的经济城堡。互联网的浪潮远没有结束，第一波浪潮尚未退去，第二波浪潮即汹涌地奔过来了。2015年年初开始的"互联网+"就是互联网浪潮的第二波，当第二波浪潮起势，已经参与或打算参与弄潮的人数比第一波多多了，市场大，机会多，竞争也激烈。第一波浪潮是市场行为，而这一次则带有浓厚的政府行为的色彩，因而声势浩大。

对企业而言，"互联网+"的过程其实就是创新模式的过程。企业是由若干个相对独立的工作模块组成的，企业管理其实是由若干个大大小小的各类运行模式组合而成，这些模式可以称为企业的"模式组"——战略模式、组织模式、营销模式、赢利模式、商业模式、人力资源管理模式、内部行政事务管理模式、品牌建设模式、客服模式、资金运营模式、账务管理模式、流程模式等。"互联网+"的企业含义就是将"模式组"互联网化，"互联网+"的创业含义即是运用互联网思维寻找含金量高的商机，"互联网+"的政府含义就是使施政公开化、公平化、快捷化、数据化。

在许多人的理解中，"互联网+"的针对对象是经济领域，其实政府的"互联网+"则更为重要。互联网对于政府工作的转型升级具有先天价值，互联网有一个十分突出的特点就是呈现"网状结构"而非"层级结构"，在能量传输中，"网状结构"比"层级结构"更有效率，能量传递快、损耗少，去"中心化"，具有公开性和平等性的先天基因，而这些正是对政府工作的要求和进步趋势。在关注"互联网+企业"的同时，更应关注"互联网+政府"。运用互联网思维改造政府的各个工作模块，建立更先进的工作模式。

不论是行业互联网化，还是企业互联网化，或者政府互联网化，都要找到适合的网络化模式，不可生搬硬套别人的模式。脚不一样，鞋子就得

不一样，不存在人人都能穿的鞋子。马云找到了适合自己的脚的鞋子，因此成就了阿里巴巴。马化腾发现了适合自己的"互联网+"公式，因而打造出规模宏大的企鹅王国。李彦宏只做搜索引擎，这"鞋"最适合他，所以百度快步如飞。"互联网+"行动能否取得实效，关键看能否找到适合自己的模式。天猫的成功源自找到了"互联网+法国香榭丽舍大道"公式，腾讯成功源自发现了"互联网+电子游戏厅""互联网+社交"公式。在第二波的"互联网+"行动中，马化腾又开始运用"互联网+金融"的公式计算腾讯的利润。

总而言之，在"互联网+"行动中能不能找到适合自己的"互联网+"算式最为重要。不要忙于胡乱"+"，而要多琢磨"+"什么最适合。

第六章

企业互联化升级之路

本次"互联网+"的重点是行业的网络化改造。行业有小行业与大行业之分,汽车行业属于小行业,而工业则属于包含汽车行业等在内的大行业。因为在第一轮的"互联网+"行动中,大多数企业按兵未动,因而如今被称为"传统企业",本来企业的网络化改造是第一次"互联网+"浪潮的主题,但许多企业的功课没有做完,也就只能在这一轮网络化改造中"补课"。从这个角度讲,将这次"互联网+"定义为"企业互联化"也是正确的表述。

什么是企业互联网化

企业互联网化包括三层含义：一是企业自身的网络化升级，这属于补课；二是积极参与所属行业的互联网化进程——既为了自己的企业，也为了给自己企业归属感的所属行业的进化；三是企业生产价值链网络化。

企业自身遂行网络化改造已经是时代的必然，所有的企业都必须要与时代接轨，不接轨就要脱轨。中国企业互联网化市场规模 2012 年达 832 亿元，较 2011 年增长 56.%，2013 年 1200 亿元，增长 44.2%。在细分行业中，制造业、通信服务业、零售业以及金融业企业在互联网化中的总支出超过总体的 80%，是企业互联网化市场中的主要市场。互联网的强大功能已经被无数的事实所证明了，已经不仅仅是门户网站，不仅仅是通信工具，不仅仅是线上营销渠道。对于任何行业的任何企业，互联网越来越像水、电一样成为必需因素。假如现在不进行网络化改造，那么当经济时代进入大数据被普遍应用以及云服务成为企业新常态的时候，非网络化企业只有被淘汰出局的命运。所以说尚未实现网络化的企业必须从现在开始升级，不能等也不要等。

假如说在十多年前第一波的"互联网＋"浪潮来临时按兵不动尚可理解为谨慎的话，那么在新一轮的"互联网＋"浪潮中依然无动于衷则只能理解为愚钝。借用温水煮青蛙原理来说，如今的水温已经到了临界点，如果还不抓住机会跳出来，那么跳出来的机会越来越少了，被烫死的可能越来越大。

企业网络化改造的动力来自时代的压力，更要把这种压力变成自觉自愿的追求。转变观念的方法是认识到企业网络化给企业带来的好处，看清楚由此带来的利益，积极性就会高涨，主动性就会增强。企业实现网络化改造之后，市场竞争力会得到提升，企业形态会发生大变化，互联网可以解决传统企业在营销、渠道、产品、运营方面所遇到的诸多问题。企业可以利用互联网媒体进行线上推广营销，将销售渠道拓展到线上，利用移动互联和社交网络更便捷有效地接近和了解用户需求和市场行情，运用云计算和大数据降低企业成本，通过互联网收集商业信息更好地把握商业机会，拓展优化销售途径，提升销售业绩和效率，运用 social CRM（社会客户关系管理）等平台强化对用户的理解和控制。

企业网络化改造应该分阶段逐步进行，第一步是要完成企业的信息化升级改造。在信息化硬件建设完成之后，接着实施软件匹配工作。信息化是网络化的地基，网络化必须建立在成熟完整的信息化基础之上。第二阶段才是真正的网络化再造，首先要专设 CIO（首席信息官）专门负责，为企业网络化改造掌舵。接着从企业的各个模块入手，优化组织结构，建设或选择数据平台，设计大数据运作方案，驱动企业数据系统，对企业实施全方位的网络化改造。

相对于国外，国内企业互联网化应用还比较落后，企业项目的应用技术是英美五六年前或者六七年前的技术水平。我们的企业还在提信息化，其实国外已经很少提这个词，取而代之的是价值最大化，技术应用已同核心商业流程和模式相结合，不单是技术应用。传统企业在运营中，对互联网的应用需要加强对消费者、对互联网营销的理解，包括对空间、关系、时间、交易的把握。

传统企业为什么必须互联网化

不论什么行业的企业，营销环节都是离钱最近的环节，把营销称为企业的前线不为过。在最前沿市场，传统型企业无法与互联网型企业较量。传统型企业的营销是单边作战，而互联网型企业则是双边甚至是多边作战。看看传统型企业的产品流程：研发—车间—仓库—终端，按照自己的设想设计和制造产品，然后把成堆的成品压在仓库中，接着组织营销人员联系渠道进行铺货，货上架后守株待兔盼着顾客掏钱购买。这是十分典型的传统型企业的产品流程，因为是主观的盲目生产，仓库货满为患和遭遇经销商退货的情形非常普遍。一来二去，企业资金周转困难，产品变现周期长且变现率低，深陷疲惫不堪的拖延战中。互联网型企业为什么能实现低库存甚至零库存？因为他们的所有产品都是客户定制的或者半定制的，产品尚未出厂就已经有客户在销售终端等着了，实现了精准研发、精准生产、精准销售。

这仅仅是从产品流程的角度对传统型企业和互联网型企业的简单比较，在其他所有层面都存在巨大差别，这种差别是观念的差别，也是模式的差别。传统型企业尚处在螺旋桨时代，而互联网企业则进入喷气式时代了。行业的市场蛋糕就那么大，谁先完成互联网化改造谁就能轻松抢到市场的蛋糕，沿守传统模式的企业除了望蛋糕而兴叹之外，没有任何办法，若不改变只有死路一条。

传统型企业生产的只是有形的产品，而互联网型企业生产的除了有形的产品之外，还在生产着数字化时代优质的客户体验。传统的消费者与互联网时代的消费者的差别很大，无论在购物习惯还是消费观念上都有很大的差别。消费者是企业的上帝，上帝的习惯和观念变了，企业如果还刻舟求剑，怎么可能找到落水的剑呢？对于这样的企业来说，只有一条路即改变自己去适应消费者。现在是买方市场时代，消费者绝对不会迎合商家，山不会过来，你就必须得主动过去。消费者早已经跨入数字化消费时代，企业若不能做到先于消费者而变，那也得紧跟消费者之变而变。

传统型企业实行互联网化改造不但势在必行，而且必须得只争朝夕，越慢机会越少，越拖处境越难。现代营销中，客户体验非常重要，消费者已经进入网络时代，企业就不能在石器时代踯躅徘徊。虽然不同行业的企业对数据的依赖性有所不同，但数据对于所有的企业来讲都是价值非凡。先进企业都已经或开始大量运用数据分析系统，尤其是像 B2C 那样的企业，数据分析更为重要。数据就是企业的眼睛，传统企业之所以仍然在盲人摸象，其中一个主要的原因就是没有认识到数据的重要性，轻视数据、不会运用数据或者没有支持数据系统的硬件。不要简单地认为开通了公司微博、微信就算是互联网化了，有没有把公司的数据系统打通？有没有与研发、生产和客服部门贯通？形式化的"互联网＋"不会得到任何好效果，花架子中看不中用。

随着网络技术的不断发展和创新，企业互联网化深度还会不断加强。将来网速达到 50M 或 100M 的时候，必然会激发新的模式产生。企业互联网化的进程只有起点，没有终点，一直在路上。企业网络化改造只有重点，没有无关点，要么不改造等死，要改就要彻底完全。

我国企业互联网化之现状

目前我国企业的互联网化处于起步阶段，起步阶段的特征就是投资，是人力、物力、财力的投入阶段。据一项调查，我国许多企业对于互联网化的投资都在数百万元以上，许多企业投入到互联网化改造上的人力都在数十人。在企业互联网化的建设项目上，仍然是老一套，以建网站为主，没有更多创新。随着移动互联技术的广泛应用，企业在移动终端应用方面的投入呈现爆发式增长的趋势，接近企业互联网化改造总投入的1/3。企业互联网化改造能应用的产品不多，服务商所能提供的产品也就是移动互联、大数据、云计算、物联网等，当然这也是目前最主要的技术产品。可以预期，随着企业互联网化服务提供商本身的技术不断进步，企业可以选择的支撑企业互联网化的产品将会越来越多。

1. 传统企业普遍感受到了企业互联网化的压力

传统行业感受到来自以 BAT（百度、阿里巴巴、腾讯）为代表的互联网企业的强力挑战，产生焦虑感。以"三通一达"为代表的快递互联网化企业一举打破中国邮政几十年的垄断地位，马云的支付宝与传统银行抢夺客户资源和资金，腾讯的马化腾勇敢地动了一下通信行业三巨头的话音奶酪，在淘宝京东等的挤兑下超市无奈地走上了"下坡路"，新媒体抢走传统媒体的广告费。传统大型企业虽然仍然支撑着行业的天空，但面对现实，不由得心生恐惧和焦虑。压力之下，传统企业开始寻找突围之路，开

始研究如何升级的问题，求变成为他们迫切的要求，忙着寻找能使企业应对挑战的新的商业模式。于是"互联网+"成为他们常琢磨的焦点问题，如何与互联网融合成为常挂在他们嘴边的话。

新兴的互联网型企业灵活机动，市场应变能力极强，而传统企业尤其是那些大型企业惯性很大，转弯不易，需要很大的转弯半径，所以在与新兴企业的较量中常常落败。腾讯主业并非通信，应该属于休闲、娱乐、社交类的行业，但腾讯迎合市场需求顺势放大了作为工具的互联网的通信功能，撞了一下通信巨头的腰，虽然是轻轻一撞，但也让三大巨头感觉到了痛。至于中国邮政情况恐怕更糟糕，如果不急变，迟早会被新兴互联网化的快递公司所取代。

2. 传统型企业普遍觉醒，对于企业互联网化基本达成了共识

最先提出"企业互联网化"的是专攻企业管理软件的"用友"公司。"用友"在提出这一概念的同时，从自身做起，制订了"用友"互联网化改造的战略计划。

3. 对于企业信息化改造与互联化升级的关系有了比较清晰的认识

国外经济发达国家早已经实现了企业的信息化改造，我国企业的信息化改造从 20 世纪 80 年代末期就开始了，但到目前为止还仍然处于进行时，主要问题是行业发展不平衡，普及率不高。其实互联网化从本质上来讲也属于信息化的范畴，是高级的信息化改造阶段。企业在信息化建设过程中，逐步过渡到互联网化是必然趋势，只是进入早与迟、进度快与慢的区别。20 世纪 80 年代末到 90 年代初企业信息化改造以财务电算化为主，其后一直到 2010 年前后企业信息化升级主要针对企业管理，目前企业信息化建设到了第三阶段——互联网化阶段。互联化是企业信息化建设的高级阶段，不但针对企业提高运营效率以降低运营成本的问题，更将目标瞄向企业运营模式的问题。互联化不但影响生产关系，还会提升生产力水平；不但触及企业和行业的敏感神经，还会触动跨行业资源横向整合的开关，打造范围更大情况更复杂的企业生态系统。

4. 准备为企业的互联化提供服务和支持的企业越来越多

企业互联化过程的技术性很强，想要依靠企业自身的力量来完成很难。因为出现巨大的市场需求，也就有许多企业试图成为这一特殊商品的提供商。许多公司不但提出了企业互联化的策略以及整体解决方案，还推出了自己的产品。企业互联化的确提供了巨大的商机，反应灵敏的企业都开始闻风而动了。

产业互联是"互联网 +"的关键

产业互联是"互联网 +"的核心之一，通过研发、生产、交易、流通、融资等各环节的网络渗透，提升效率以降低成本，开源节流，理顺营销渠道，扩大市场份额。如今我国的产业互联已经从第三产业延伸到了第二和第一产业，农业互联已经被列入国家的互联规划中了。

行业互联与产业互联不是一回事。行业互联是横向互联，而产业互联是产业链上的企业实现纵向互联。不论是行业互联还是产业互联，关键要看互联之后的平台建设，平台是标志性事件。从互联复杂度的层次上看，产业互联比行业互联更复杂，相当于打通了相关行业互联的"隔墙"，实现了相关行业互联的横向融合。产业互联距离大一统的经济互联只有半步之遥，因此可以说，产业互联是现阶段"互联网＋"的关键。

有的行业没有清晰的边界，这类企业也可以认为是跨界企业，相当于传统的集团公司——众多的子公司归属于很多不同的行业。随着企业网络化的不断深入发展，类似这样的互联网企业将会越来越多。百度的主业是搜索引擎，但百度不仅仅在做搜索，还涉足其他行业。腾讯也是一样，主业是社交行业，但腾讯也涉足网络金融等诸多领域。阿里巴巴、京东、小米等也都一样，有主业，也有若干副业。这种情况下，企业的产业互联就变得十分复杂。这类企业第一步是实现行业的横向互联，第二步是实现企业的产业互联，第三步是打通行业互联的"隔墙"实现局域性的企业一体化互联，一体化互联其实也是立体化互联。

企业的产业链本身就十分复杂，比如飞机制造企业，产业链的上游或许有数百万个提供商，而这些供应商又隶属于不同的行业。可以想象得到要想实现产业链的互联网化难度相当大，需要创新互联模式。正因为难度很大，所以产业互联才是"互联网＋"的关键。

随着商业模式的不断创新，新兴的行业门类也会不断冒出来，比如众筹、众包、威客、滴滴打车等商业新模式，类似这些采用商业新模式的企业的价值链条、行业属性都难以界定，这就给行业互联和产业互联造成困惑。这就要求企业在互联网化的过程中，对行业区分以及产业链的界定问题进行仔细的分析研究，必要的时候可以求助于相关专业机构或专家。比如互联网化的生活服务行业，包含了极其丰富的内容，这类企业的行业互联和产业互联很复杂，同时也说明发展空间很大，机会很多。

　　类似这样的企业更适合建立产业互联：信息严重不对称且交易环节复杂交易周期长；上下游分散且不属于垄断性企业；产业发展空间大前景好。如海尔在产业互联中采用 F2C 模式，率先开启家电行业的客户定制服务，运用 B2B 和 O2O 的交易模式。"上汽集团"牵手阿里巴巴合资 10 亿元，设立互联网汽车基金，推进建设汽车互联平台。产业互联可促动产业链重塑，增效节能，可以催生许多商机。产业互联平台可以有效解决信息不对称的问题，降低购销双方的时间和经济成本。对于壁垒较高的行业，可以考虑建立垂直电子商务平台。

　　产业互联与消费互联可以短期之内迅速扩张的特征不同，产业互联客户往往对上下游的黏性比较大，难以在短期内形成迅速的传播效应。如果企业之前已经拥有丰富的客户资源，将是产业互联良好的起点与坚实的壁垒。另外，用户价值也是关键因素，产业用户与消费者对于价值的判断差异很大，往往体现在实际的经济价值上，创造实际用户价值是产业互联成功的关键。

正确看待企业互联网化

　　对于企业互联化的理解尚未达成共识，学者在研究，企业家在思考、探索，要想统一认识估计很难。不论如何确定企业互联化的方向和具体项目，终归要以市场需求为导向。把企业互联化放在商业本质的显微镜下观察，就会得出最接近于事实真相的结论。不论什么化，企业的服务对象永远是消费者，企业的商机永远来自于市场。企业互联化的指导思想应该有两条：一是尽最大努力满足消费者变化了的消费需求，最大限度地迎合消费者变化了的消费习惯；二是以市场行情为导向，更清晰地了解和掌握市

场变化。企业互联化要在这两个基本原则指导下进行，不管是创新营运模式，还是变革业务逻辑，万变不离其宗。

1. 亲临前线，离消费者越近越有利

企业互联网化设计中，要想尽一切办法离自己的客户群近点再近一点，直接接触到消费者，适时站在客户面前，亲自经营客户渠道。比如，目前美国航空业 60% 的客票都是通过航空公司自己的官方网站和移动应用销售给客户的，未来他们的计划是使这个比例变得更高。我们的企业在互联网化的时候，要借鉴他们这样的思路和做法。

2. 增强互动，让客户参与到创新中来

小米模式是被事实证明非常成功的模式，小米模式其中之一就是与米粉的即时沟通对话，让米粉参与到对产品的设想中来。类似这样的参与感对于客户的心理体验来讲是极其美妙的，企业由此得来的获益不是简单几句话能说得清的。通过客户的参与，企业可以快速获知来自于消费者的第一手信息，避免信息失真。在这方面除了小米，苹果手机也是一个很好的范例。苹果允许客户在苹果自己的平台上开发各种应用，通过分析客户的这些信息，苹果发现有关健康的应用是客户最为关注的应用，因此在iPhone6（苹果手机6）推出的时候毫不犹豫地将健康应用放进去。

3. 实现从研发、生产一直到售后的绝对可控化

波音 787 客机的组件中有 400 多万个由遍布全球的 40 多个供应商提

供，占到组件总数的90%。波音对每一个组件都进行严格的品控，对组件的设计、生产、运输、交付、组装等整个过程进行协调和监控。这还不算，即便飞机已经服役，也没有放弃监控。如此细致严格的全程监控只有企业互联网化才可以实现，反过来讲，企业互联网化的目的亦在于此。尤其对于大型超大型的企业来说，产业链条复杂多变，在资源整合的同时更应重视产品质量，产品质量是企业赖以生存的命根子，互联网化改造要把产品的全程可控作为方向。三鹿奶粉因为毒奶粉事件倒下去了，假如实现了互联网化，能够对奶粉生产的每一个环节进行严格监控，就不会发生砸品牌的事件。

互联网化企业的观念升级

企业实现互联网化了，企业的观念也要跟着转型。或者说，在企业互联网化的同时甚至在改造之前，企业的观念要先行改变。用新瓶子装新酒，而不要试图用老瓶装新酒。企业尤其是企业高层的观念实现互联网化转型同样重要，甚至更重要。这也就是前面内容中讲到的，要用互联网思维方式想问题。

1. 既是中心，也是非中心

互联网的属性就是呈网状结构分布，没有中心的概念，正因为不存在传统意义上中心的概念，也可以认为所有节点都是中心。对于已经实现了互联网化改造的企业，也是这样的道理。每一个企业都是产业链和企业生态系统中的一个环节，仅此而已，当然非要认为自己的企业是中心也未尝不可，因为企业生态系统中的其他企业也真的是围绕在你的周围。事实上，你自己的企业也无时无刻不围绕着别的企业再转。互联网的这一"去中心化"的特点彻底颠覆了传统的企业关系构架，使企业更加自由自主，反应和应对力更强。这是需要企业改变的观点之一，这一观念的改变意义深远，比方说在对待企业内部人员的态度上会完全不一样，企业内部也不存在中心，员工之间的关系以及各部分之间的关系都是呈网状结构分布，不存在谁是谁的上下级，这也就是所谓的"合作人模式"，它彻底颠覆了科层制的传统模式。

2. 在更大范围内实现再平衡

传统的企业是孤独的企业，在市场竞争中也是孤军奋战。企业实现互联网化之后，加了许许多多的企业好友，不但不再孤独，而且与这些企业好友结成了命运共同体，不再是孤军作战而是集团化出击。互联网化了的企业成为企业生态系统中的一个点，要与其他无数点保持平衡的关系，只有平衡才能稳定。当然这种平衡是相对平衡，不是绝对平衡，一旦绝对平衡了，就会失去进取的力量。在生态系统发生变化时，要随时调整姿态实现企业的再平衡。换句话说，就是要由以前的内视变为互联网化之后的外视，时刻关注企业在生态系统中的状况，努力在更大范围内保持平衡态。比如中石油，互联网化之后，就不能只盯着国内的石油市场，而要把自己放置在全球范围内思考问题。

与传统经济生态比较，互联网化之后的经济生态有许多新特点。比如资源不再也不可能集中于某一个点，而是在全球范围内实现自由流动和平衡配置。全球资源为我所用，我的资源为世界所用。企业不需要内部平衡，而要全球平衡。比如小米手机，需要放眼世界，在全球范围内求平衡。小米的赢利模式是靠硬件赚钱，这就必然受到上游商家的很大牵连，如果供应链出了问题，上游不能及时跟进，很可能也会重蹈 TCL 和波导手机那样的覆辙。小米最大的挑战是能否以低成本拿到芯片和屏幕等硬件产品，小米是互联网化了的企业，完全可以在全球范围内快速精准地搜寻自己企业所需的资源。

3. 客户与企业实现亲密接触

互联网压缩了企业与客户之间的物理距离，使得企业与客户可以实现零距离接触。以前的情况是这样的：企业在电视和报纸杂志上做广告，客户看到广告后去超市购买。现在客户可以在网络上对同类商品做广泛细致的比较，反复比对和研究商品的技术数据，查看别人对产品的评语，可以直接联系商家进行核实和咨询。上一秒在上海查看，下一秒去广州的商家查看，物理空间距离已经对顾客完全失去了束缚作用。商品广告的效力大大降低，客户不再仅仅依据媒体广告决定自己的购买行为，而是根据网络信息做决定。企业的宣传推广模式和产品服务模式都要做出对应的调整。

企业互联网化不是万能的

在前面讲商业本质时点到过这个问题。在"互联网＋"越是火热的时候，我们所有人尤其是企业越是要保持清醒的头脑，不要跟着时潮一起热，要冷静地看待热现象。对于"互联网＋"我们要看到两个本质：其一是互联网的本质；其二是商业的本质。看透这两个本质，就不会在"互联网＋"的过程中迷失方向，才能够真正发挥"互联网＋"的效能。

必须要认识清楚互联网的本质。

必须再次强调，不论人们赋予互联网和"互联网＋"何种属性，但都掩盖不了互联网是一种工具这样的本质特征。有的应用型互联网企业为了自己的利益高唱"互联网＋"的赞歌，过分夸大互联网的价值和意义，目的是营销自己的互联网应用产品，归根结底是为了自己赚钱。现实中也确实有不少人想都不想就相信了，误以为互联网是万能的，是起死回生的灵丹妙药。有一家专门给企业建站的互联网应用企业，在宣传中夸大其词，把互联网描述成企业的救世主，让企业感觉到只要建个企业网站（认为"互联网＋"就是建站，建站就是企业实现了转型升级）就能战胜竞争对手，就能赢得市场。

具有讽刺意味的是这家互联网应用公司本身在火了一阵子后，就开始走下坡路，虽然一直在生存着但明显出现了发展颓势。许多企业也一样，企业网站也建起来了，但企业仍然很"传统"，并未因为有了企业网站就脱胎换骨成为新兴企业了，企业效益也没有因为有了企业网站而有什么改观。

问题出在哪里？

问题出在过分夸大了工具的价值。工具不是没有价值，但不能过分夸大，更不能把工具的价值凌驾于商业本质之上。互联网既然是工具，工具就必须服从商业的本质，不能把工具说成是全部。

比方说服装，服装企业靠什么赢得市场？绝对不是靠建个企业网站。服装要想卖得好，与品牌塑造、做工选料、颜色款式、性价比、设计理念、客户定位等关系最密切，与企业有没有网站一点关系都没有。便宜的东西我比人更好，好的东西我比人更便宜。诸如此类的东西就是商业的本质，不论什么时代都不会改变的东西。企业要想赢得市场，靠的正是这些东西。

问题的另一个方面是许多企业受到一些人的忽悠，对"互联网＋"的真实含义理解有误。以为"互联网＋"就是给企业建个网站，在网络上开个网店，这就算是转型升级了。其实真正的"互联网＋"是为商业的本质服务的，如何利用互联网提升产品的品牌价值，如何降低成本提升产品的性价比，如何运用大数据分析精准营销等，这些内容才是"互联网＋"的含义。

比如，小米应该算"互联网＋"比较成功的企业，但小米真正赖以生存的还是手机本身的质量、功能、设计、价格等因素。在"互联网＋"的过程中，小米模式的确有许多值得思考和借鉴的地方，该学的一定要学，但千万不要被互联网的本质掩盖住了商业的本质。小米要想继续辉煌，还必须得回到线下，扎实做好线下的事情，如产品构件、供应链等问题。

在企业"互联网＋"的时候，要把关注点集中在商业的本质上，琢磨如何利用互联网快捷高效地实践商业的本质，而不要在互联网本身花费精力。工具管不管用，要拿企业的实际绩效说话，不玩虚的。别人成功的经验可以借鉴，但不可以照抄照搬，拿来即用，要消化吸收变成自己的筋骨肌肉。企业规模、行业、产品类型、商业背景和环境、时机等都不同，怎么可以照抄照搬小米模式呢？小米的经营策略以及营销思路等可以借鉴，尤其值得学习的是产品的设计和打磨，其他方面只能根据自己企业的实际情况借鉴一下。

企业互联网化必须以人为本

决定战争胜败的是人不是武器，影响企业兴衰的是人才不是工具。不能贬低互联网对企业的深刻影响，但也不能夸大。互联网的发明和使用者都是人，人始终是主角，其他皆配角。同一个人使用不同的工具，效率肯定不一样；同样的工具在不同人的手里，功效也不同。企业的互联网化过程要立足于发挥"人才＋互联网"组合的最大效能，追求"人才＋互联网"的最佳组合。说到底企业互联网化的思路、内容和形式等大体是一样的，不一样的是企业人，要想使企业在市场竞争中站稳脚跟，起关键作用的不是互联网而是企业智慧以及机遇等因素。把互联网比之于水和电非常贴切，过不了几年，互联网在企业的运用就和用水、用电一样，成为很平常的事情。"互联网"风刮过之后，企业仍然要回归到商业本质上来，关注点仍然是企业发展战略、人力资源管理、产品定位的质量、品牌塑造、款型设计、价格策略等，区别在于在互联网的支持下，感知更加灵敏，决策更加科学——这即是企业互联网化的本质。

比如旅游企业，吸引客户的是线路设计、服务水平和报价等，而不是看你有没有用微信、微博。所谓的线上和线下，改变了的仅仅是平台和方式，商业的本质并未因此而有任何改变。顾客走进超市购物，关注的是性价比、商品的质量、卖相、品种、价格等，顾客点击网店，关注的仍然是这些东西，区别仅仅在于一个是实体店而另一个是网上虚拟商店。相比之下，网上商店更有竞争力，顾客足不出户即可逛遍各地商店，挑选范围更广，还可以看别人对商品的评价，看商品的测评报告，这些用户体验是下线商店无法提供的。这也正是企业互联网化的价值和意义，因为有这些区别，企业才必须实现互联网化改造。

工具可以复制，但人才是唯一的。毫不夸大地说，人才才是企业的根本。各种模式都是由人创造的，产品从市场调研、研发定型、下厂生产、终端销售、售后服务等各个环节的工作都是由人在决策和执行。人力资源管理是所有企业的命根子，在企业互联网化升级改造的过程中，需要考虑到这项内容，也就是如何在互联网化实现过程中，更好地为员工服务，尤其是服务于企业关键人才，调动他们的积极性、创造性，激发他们的工作热情——这才触及了企业互联化的核心部位。只有树立这样的观念，互联网化才能真正成功。为什么有的企业钱也花了，企业网站也建了，网店也开了，也利用网络进行宣介推广了，自以为成了新兴的互联网化的企业了，但其实企业的骨子里仍然很传统，观念没有与时俱进发生变化，企业效益也没有起色，仅仅在形式上"＋"了一些互联网的表面元素而已，根子里仍然属于典型的"传统企业"。

跑马圈地：企业互联网化的误区

在"互联网＋"的时候，有的企业胃口变得很大，总想着跑马圈地。尤其看到在未来若干年，互联网应用行业是整个市场中的大行情，于是乎不管不顾地想挤进来分食市场的大蛋糕。梦想相当的大，路由、抢入口、电视、手机、智能化等，啥都想插一脚，甚至想通过中央处理系统独霸天下，想做一个大一统的公共云服务平台囊括所有。

有志向是好事，"互联网＋"正好提供了这样一次机会，但理想太大容易变成幻想。不论从历史经验看，还是从哲学的角度分析，绝对的"大一统"的情况在人类历史上从来没有发生过，不论是社会层面还是经济层面，都没有出现过大一统的局面。罗马帝国盛极一时，但逃不脱最终消亡的结局。希特勒野心勃勃图谋统治地球，也失败了，是在意料之中的结局。微软在前些年如日中天的时候，梦想很大，PC、手机、电视……什么都想做，想一统天下，但结果如何？如今的 Windows（视窗）越来越被边缘化。

有的企业在赚到大钱之后，心态也变了，占有的欲望膨胀起来，恨不得把所有客户都拉过来，把所有业务都占为己有。有个人在有了钱之后四处买房子，看房子成了他的主要生活内容，今天打开这个房门看看，"哦，这房是我的"，然后走了，明天又去看看别的房子，"哦，这也是我的"。他买房子不为别的，就为了满足心理的某些欲望。做事没有欲望肯定不行，但也要适可而止，欲望不要太大，不要使追求变异为贪婪。其实只要把自己擅长的东西做好做精，为消费者提供更好的服务就可以了。

从"一卡通"到"一屏通"

有一句话说得很有意思："世上最远的距离是没有网络。"这是对互联网最富有诗意的释义，说出了互联网的价值以及人们对于互联网的依赖。假如说得更准确一点的话，应该是"世上最远的距离是没有无线网络"。从物理空间讲，有线网络注定是"有限"的，只有无线网络才可以实现随时随处存在。但由于受到技术因素的制约，目前还无法实现无线网络无处不在，只能说现在已经实现了无线局域互联网。但毫无疑问，无处不在时刻相伴的无线网络一定会出现在将来的某个时候。无线网络发展的瓶颈是传输速度——也就是带宽问题，无线网络的带宽问题一定会随着科学技术的不断进步而予以解决，但从目前看，有线网络的带宽才是无限的，而无线网络的带宽是有限的。有线是基础，无线是趋势。在相当长时期内，有线网络和无线网络将会共存，应用方向有所区别。

现在的工作生活中有许多各种各样的"屏"，如电视机屏、计算机屏、手机屏、车内导航屏、手表屏、游戏机屏、室内室外的广告屏、机场车站的航班车次显示屏……这些五花八门的屏都有一个共同的发展趋势——智能化，而智能化的技术基础即是无线互联网。

这让人想起现在人们手里的各式各样的"卡"，比如银联卡、信用卡、老人卡、学生卡、医保卡、交通卡……林林总总，琳琅满目。由于卡类太多太杂，带来很多不方便，于是开始有了各类卡集成融合的市场需求，人们希望能实现一卡刷天下的情景。从目前看，在这方面虽然有一些研究和实践，但效果并不佳，人们仍然必须得准备一个卡片夹，保存各式各样的卡，一卡刷天下的愿望即便能够实现，也得等待很长的时间。曾几何时，"刷卡"成了一个很时尚很酷的词汇，但时间不长各种卡的出现给人们带来了使用和保管上的烦恼，人们又希望卡的功能能够集成，数量能够减少。不要再叫这个卡那个卡，而只有一种与个人身份识别相联系的个人智能卡，不管何时何地，拿着一张卡就可以，一卡刷天下，一卡通关，一卡在手走天下。

"屏"和"卡"可以做些类比。未来的各式屏能不能功能集成化，让类别减下来？不要再叫这个机那个器，统一叫作"视频机"，可以看电视、打电话、听音乐、上网……与之相对应的不再是有线网还是无线网，而是无处不在的泛载互联网。当然这只是一种设想，从目前看，看不到能够实现的希望，最多只能说是一种发展趋势。"一卡通"都尚未实现，"一屏通"就更加遥远了。

不论"一屏通"将来能不能实现，但在企业"互联网+"的热潮中，给企业留下了许多想象的空间，也提供了与之相关联的许多商机。"一屏通"理念对于企业管理也有诸多启发性。

互联网化是企业的必经之路

现在的企业"触网"不一定能活，但不"触网"肯定得死。互联网化是企业的唯一出路，"互联网+"不是你想不想"+"的问题，而是必须得"+"。未来是泛网时代，不但企业离不开网络，人们的日常生活也离不开网络。将来的互联网就像现在的水和电一样，无所不在。就像今天的人们走进房间打开按钮房子就有了电，没有电的生活不可想象。将来的企业没有互联网是不可想象的，企业的价值、产品、服务等都要和互联网结合，在互联网的支持下进行。

许多事情不可以一窝蜂，但在"互联网+"这个事情上可以一窝蜂。因为"互联网+"是大潮，所有企业都必须随波逐流，才能抵达彼岸。"+"是必需的，区别仅仅在于各有各的"+"法。

"+"的目的并不是仅仅引入互联网，使自己的企业看起来更像是互联网化的现代企业，而不是被人们当作"传统企业"。就像海尔的张瑞敏那样："我宁愿死在互联网化的路上，也不活在传统的世界里。"要把"+"的目标定在企业智能化水平的提升上，通过互联网化，使企业提高生产效率，增加企业收益。这一轮"互联网+"的热潮才刚刚开始，在这次大潮来临的时候，所有人都跃跃欲试准备着下海游一回，有的人精心准备全副武装，有的人想碰运气，抱着投机心理试图裸泳一回，看能不能抓到一条大鱼。在潮水澎湃时看不出企业与企业的差别，看不出泳者与泳者之间有什么差异，只有等到大潮慢慢退去，谁是裸泳者便会一目了然。

　　目前我国的 GDP 贡献值中，传统型企业仍然是绝对的老大，95% 是由传统型企业贡献的，线上企业的贡献很小。像腾讯、阿里、百度、搜狐等这么大体量的互联网化企业，对 GDP 的贡献加到一起也没有多少，完全可以用沧海一粟来形容。这也可以看出我国传统企业"互联网＋"的意义和价值，能不能依靠互联网提升传统型企业的转型升级事关国家整体经济发展。通过"互联网＋"实现国家经济的大转型，由原来的粗放型、高耗能高污染、低附加值转型到低能耗、高附加值、环境友好型的经济发展模式。

第七章

谁为"互联网+"护航

《政府工作报告》中写入"互联网＋"和"互联网＋"行动计划，说明"互联网＋"已经成为国家战略，是政府的政策策略了，不仅仅是倡导全社会要进入"互联网＋"思维状态，而且以此为新的国家经济实现目标。鉴于目前我国实际情况，虽然一些先进企业早已经在"互联网＋"的路上了，个别企业甚至已经做出了明显的成绩，但总体发展水平还很低，而且发展不平衡。"市场这只手"与"政府这只手"要联动，才能产生强大的合力。而"政府之手"发挥作用，主要是要依靠政策法规的约束力。没有规矩不成方圆，想让我国的"互联网＋"计划能够顺利进行，必须要有强有力的政策作为保障，从政府层面设计一条抵达目的地的高效低耗的"高速路"。制定政策法规，为"互联网＋"提供保障，这本身就是国家高度的"互联网＋"行动计划的一部分。

"互联网+"国家战略

　　"互联网+"绝对不仅仅是企业单方面的事情，应该是政府和企业一起使力拉动并使之前行的一架马车。对于国家来说，经济这盘棋的棋手首先是政府，其次才是企业。事实上政府确实在以首席棋手的角色推动着"互联网+"行动，不但在政府工作报告中提出来了，还在其后的工作中部署具体的行动计划，督促政府和企业的"互联网+"行动。

　　在"互联网+"行动中，政府要发挥"使能者"的作用，通过各种渠道的宣传鼓动，大力推进"互联网+"行动的持续进行。政府要摆对自己的角色，做到既到位又不越位，发挥恰到好处的功能。打造"互联网+"这艘巨舰的任务政府责无旁贷，但当巨舰已经开始起航，政府这只手就要隐去，不要一直指手画脚，掌舵和划桨的任务就要交给市场交给企业，不要过多干涉，政府只从宏观的方面保障安全航行就可以了。企业家离市场更近，比政府官员更懂商道，依靠市场的力量推动"互联网+"前进更符合经济规律，比起政府的主观性的各种规定，市场这只手更公正公平，更符合经济发展的内在规律。

　　政府的角色是宣传员、监督者、调整员，政府为"互联网+"这艘船张开风帆，提供推动其前行的劲风，以法律规定为准则对其进行监督检查，当航向明显偏离时及时进行调整。工业4.0是德国版本，而"互联网+"则是地地道道的中国版本。近代两三百年以来，中国经济始终落后，历次的工业革命的发源地都与中国无缘，从几百年的经验看，凡是科技革命的发源国家都会在很长一段历史时期引领世界经济。第一次工业革命发源于英国，英国引领世界 100 年；第二次和第三次工业革命发源于美国，美国引领世界 100 年。互联网发端于美国，美国因此占尽互联网发展的红利。中国一定要在"互联网+"的领域力争上游，在互联网应用方面力争走在世界前列。德国早在数年前就提出工业 4.0，互联网在工业领域的应用德国显然已经成为领头雁。相比工业 4.0，"互联网+"的概念更广泛更符合时代发展潮流。互联网的应用不仅仅在于工业制造方面，应该在各个行业乃至于人们的日常生活领域都得到应用。

我国应该制定详细的"互联网+"国家战略，指明目标，提出要求，选取适合的突破点。我国制定的"中国制造 2025"其实是"互联网+"战略中的一个局部——工业部分。除了工业，还有其他十分重要的行业如农业、金融、交通、教育、医疗、航空等，这些领域都是与工业平行的行业，工业智能化很难带动企业行业的智能化，需要单项专门制定国家策划。

不仅仅在经济领域制定"互联网+"战略，在政府的自身管理和建设方面也制定相应的战略规划。乘着"互联网+"的强劲东风，运用互联网这个万能工具在廉政建设、施政效能、公务员管理、用法执法、环境保护等方面发挥作用，使政府的管理更加科学化，施政更加民主化，决策更加数据化。目前的媒体将关注点放在企业的转型升级上，而忽略了"互联网+政府"。国家要像制定"中国制造 2025"一样制定其他的"互联网+"计划。企业要运用大数据云计算行业互联网进行升级转型，政府也要利用 Web2.0 等创新科技进行转型升级。要说新中国建立后的前三十年是政府 1.0 的话，那么改革开放开启了政府的 2.0 时代，现在应使政府进入 3.0 的新版本时代。当政府自身都投入到"互联网+"的进程中，没有谁能够置之度外，这是对"互联网+经济"的最有力的推动。

"互联网＋政府"行动计划

政府"互联网＋"行动计划必须要强调"各级政府"。中央政府有中央政府的计划，地方政府有地方政府的计划。政府行动计划最重要的是要细化为各部门的行动计划，这样才能真正使"互联网＋政府"落到实处。政府的"互联网＋"行动计划要把着眼点放在提高施政能力和提高施政效率上，依托互联网这一工具对公务员队伍进行有效管理，实现决策的科学化，干部任用民主化。进一步理顺政府与企业的关系，减少政府干预，释放市场能量。

下面是福建的"互联网＋"行动计划，我们先来看看他们的计划内容，然后我们对他们的"互联网＋"行动计划进行一些分析。

地方政府响应中央政府的号召，开始或已经制订"互联网＋地方政府"行动计划。比如福建出台了《加快互联网经济发展10条措施》（以下简称《措施》），该《措施》相当于"互联网＋福建政府"行动计划。《措施》中明确了电子商务、物联网产业、智慧云服务、文创媒体、互联网金融、工业互联网、农业互联网、互联网基础服务8个方面的发展重点。采取资金资助、融资担保等方式扶持一批重点孵化项目，所在地政府为每个企业（项目）提供不少于100平方米的工作场所和100平方米的人才公寓，3年内免收租金。2015—2017年，每年统筹不少于5亿元的省级互联网经济引导资金，到2016年，福建省健全互联网经济生态圈，各领域建成一批互联网平台；到2018年，培育一批具有全国影响力的互联网企业，建成一批产业集中区；到2020年，培育一批知名互联网龙头企业，互联网经济年均增长率 25% 以上，总规模超过 4000 亿元；大力发展创业投资，在福建省新兴产业创投引导基金下，设立不少于 10 亿元的互联网经济子基金，有条件的市应在 2016 年年底前设立相应基金。创新招商模式，引进阿里巴巴、百度、腾讯、新浪、小米、京东、360 等互联网龙头企业。政府支持的担保公司加大对互联网企业融资担保支持力度，对各地政府支持的担保公司开展的互联网企业担保业务，福建省再担保公司可适当提高再担保代偿比例。每年举办一次互联网经济不同专题的全国性会议，力争成为跨境电商、数字文创、物联网、大数据等重点领域高峰会议永久举办地。

上面是福建"互联网+"行动计划的主要内容，我们再来看看他们出台这样的行动计划的主要依据以及对加力点的大概思路，下面是他们自己的思路、分析判断以及提出的努力方向等：

福建互联网从业人员 50 万，产业规模超 1000 亿元，跨境电商和文创媒体相对领先，但也存在缺乏龙头、缺乏人才、缺乏创投、扶持不够、配套不够、集聚不够等瓶颈。要想撬动互联网经济加快发展的支点，除了大量培养和引进互联网创业和从业人员外，就政府而言，应努力营造积极的创业环境，从基础设施到硬环境建设再到优化行政服务、加强市场监管、开拓市场等软环境建设方面给予扶持，尽可能扫除创业障碍、降低成长成本，力求在全省掀起互联网创业热潮，推动互联网产业大众创业、万众创新。

政府的"互联网+"行动计划究竟应该怎样制订？什么是重点？什么是中心？这些问题值得仔细推敲。看得出来，福建的计划确实紧紧围绕"互联网"这个主题，这一点应该说没有什么错。但是他们的计划仅仅针对经济领域，而且仅仅是经济领域的互联网相关行业，对"互联网+"的理解有望文生义的感觉，没有真正领会实质。在他们的计划中看不出对政府概念的清晰理解，看不出政府与企业以及政府与市场到底应该是一种怎样的关系等。

政府的"互联网+"计划要把自身的升级转型作为重点，不要把如何干预市场、干预企业行为作为主线。政府要做政府应该做的事情，该市场发挥作用的事情交由市场去起作用，更不要干预企业的自主行为，企业行为交由法律和政策规定去监督和管控。

继续出台配套的政策法规

近些年来，我国互联网行业发展很快，也很火爆，与之相关的云计算和大数据等也有长足的进步和发展，与工业制造互联互通休戚相关的物联网技术也开始发展，服务行业模式开始发生改变，互联网的参与和全方位渗透激发了传统产业的转型升级，社会管理手段发生了变化，管理水平得到提高。但同时也明显可以看出存在的诸多问题。如何在开放数据的同时保护有关信息，如何抵御风险、如何保护知识产权、如何打击和防范网络犯罪、如何加强国际合作、如何有效控制国家数据的跨境流动等，都是必须要思考和解决的问题。这些问题最后的实现手段必须要依赖技术手段，但政策规定必须先行。

近十几年来，互联网与传统产业的相融合速度越来越快，行业之间的竞争也十分激烈，前些年的360与腾讯的争斗是一个典型的缩影。为了规范与互联网相关的行业秩序，国家陆续出台了很多规定和政策。出台政策的目的只有一个，就是有效保障"互联网+"的良性发展。

目前虽然已经有了一些规定，但远远不够，而且行业情形随着时间推进会出现许多新情况新问题，有什么问题就出台什么政策。即便是追求自由经济的西方一些国家，也不可能对于出现的问题放任不管，比方说对于金融市场的融资融券活动，美国和欧洲经济发达国家都有相关政策规定。当然规定一定要科学，而是不是科学，时间和实践则是检验的唯一标准。一方面，必须要有政策，但不能乱管瞎管，宽严适度，不能不管，也不能事事时时都管，管得太多太细肯定弊大于利；另一方面，我国目前实行的是市场经济体系，市场经济有市场经济的特点和规律，政策干预要有前提、原则和量度，不能走两个极端，该管的一定要管死、管出成效，不该管的一定要彻底放开。

总体来看，相比于互联网业的发展，我国的政策明显滞后，事后补救性的规定多，预先引领性的法规少。如今"互联网＋"已经成为国家策略，国家相关部分就都站在国家的高度审视互联网的问题，出台具有纲领性的法规。目前虽然也有一些规定，如《电子签名法》等，在《消费者权益保护法》《侵权责任法》中也加入了一些专项条款，但很粗略很零碎。各行各业已经站在"互联网＋"的时代风口上了，国家应该制定一部相关的基本法，全面规范"互联网＋"行动，为互联网和各行各业的融合确定前进路线。

大数据开发应用的纲领性法规

说到"互联网＋"，其中很重要的内容就是大数据和云计算的开发利用。大数据和云计算是最前沿的技术，也是实现"互联网＋"行动的必须手段。与"互联网＋"相关的技术中，最先出现的当然是互联网技术，接着有了云计算，然后是移动互联，其后有了物联网和大数据。可以肯定的是将来肯定还会有其他一些基于互联网而出现的新理念新技术。在"互联网＋"行动中，大数据毫无疑问是网络领域的战略性资源，而且是基础性的战略性资源，好比工业制造行业的新能源和新材料一样。

对于大数据的重要性，首先必须要提高到战略层面看待。国外发达国家已经开始着手研究大数据的开发利用和保护，比如像美国，把大数据定性为国家竞争力的关键因子。对于大数据而言，研究、开发和利用固然十分重要，但是同时对于大数据的安全防范也绝对不能忽视。可以肯定，未来一段时期，大数据必将给我国经济带来重大机遇，改变各行各业的状态和模式。不论是医疗行业还是金融行业，不论是能源业还是教育业，只要与"互联网＋"想融合，就绝对离不开大数据的应用，这是谁都不可能改变的大趋势。

目前我国大数据的开发利用远远未到普及的程度，仅仅迈开了第一步。谁牵住了大数据的牛鼻子，谁就能站在"互联网＋"的峰顶。大数据是一门科技，是一项系统工程，首先需要专业科技人员对其进行专项深入的研究，提出可行的为实践服务的理论。大数据其实质是信息处理系统，而信息法制化建设在"互联网＋"行动中十分重要。国家应该在调查研究的基础上，根据我国实际情况，制定与大数据研究开发和实践应用相关的政策，指导和规范大数据技术行业的健康有序发展，为我国大数据产业保驾护航，促进信息化建设高速发展。

网络平台的担责规定

实现"互联网＋"必须要有各种类型的网络平台，传统行业各种各样，都开始利用网络平台进行经营了，但这中间问题很多，而且事实上也出现了许许多多的问题，有的问题甚至很严重。

网络平台是连接生产者和消费者的桥梁，对于政策制定者来说，如何规范网络平台是目前必须要面对的问题。无论什么样的网络平台，都应该担责，实体贸易市场也不会放任不管，而是有市场管理机构，网络平台也是如此。国家急需制定有关网络平台的政策法规，要求平台所有人对自己的平台进行有效管理。

目前我国的互联网平台虽然有一些约束政策，但总体看还很薄弱。有些法规已经成文颁发，有的正在进行征求意见，有的则处于酝酿阶段。比方说已经出台了《消费者权益保护法》《食品安全法》《互联网食品药品经营监督管理办法》等有关互联网平台的政策，对平台担责有一些规定。这些法规从某种程度上解决了消费者维权的老大难问题，但仍然有许多操作上的问题。

另外，制定政策需要双向关顾，也需要考虑到行业发展的利益需求，在保证消费者维权的同时，兼顾平台功能的发挥。好的政策必然是平衡各方面情况的政策，这样的政策才能确保"互联网＋"的良性发展。

第三方平台对于"互联网＋"战略来讲非常重要，不可或缺，假如对平台要求过于苛刻，必然会增加平台的运营成本。市场规律就是资源的自由转移，当平台的可实现利润很低的时候，人们则会弃之而图他，结果是不利于互联网有效融入行业，阻碍信息化和互联网产业的发展。

目前我国互联网经济发展迅速，势头很旺，甚至可以说，不论是规模还是质量，仅次于美国。互联网经济对我国整体经济的作用不可小觑，其带动和辐射作用能量巨大。实践是检验政策的标准，事实证明，我国互联网业与传统产业的相互激发联动效果良好，这得益于已经出台的一些政策规定，如《关于促进信息消费扩大内需的若干意见》等。对于平台的管理有一个难题，就是平台主体不具备监管功能，无法有效对平台进行管理，手段有限。

如何建立一个政府、平台和消费者同时发力的全方位起效的平台监管机制是目前政策制定者需要着力研究的问题。从国外的同类问题看，比如像美国和日本等国，他们都没有规定平台必须承担责任这样的条款，仅仅是要求网络平台应该履行分内职责，主动承担一些义务，也就是说平台是有限责任。我国出台的一些政策也大体上运用了类似的做法，如《信息网络传播权保护条例》和《侵权责任法》等法规中，依据"避风港原则"，对于网络平台在事件中的担责问题进行了一些限制。总之，这方面的问题尚待进一步调查研究，希望能尽快出台更好的更适应产业发展的相关政策。

通过立法保障网络安全

在法国的《回声报》网站上贴出这样一篇文章，标题是《美国从超级大国变为网络强国》，主题是说美国要将互联网打造成新的全球霸权工具。以前美国的霸权工具是军事力量和经济力量，当经济进入"互联网+"时代后，美国将互联网作为另一个霸权工具。有人将美国的四大网络公司谷歌、苹果、脸谱、亚马逊并称为"GAFA"，这些网络大公司与美国政府联手，通过各种方式对通信信息进行监控，试图通过网络控制世界。美国的反恐战争就是对"互联网+军事"的试验性运用，通过网络收集到的信息，然后利用无人飞机，通过网络控制，对敌人进行跟踪和打击。毋庸置疑，美国是创新力极强的国家，对于"互联网+"的创新毫无疑问也走在世界前列。美国的国家基因有两个重要方面：一是"没有永恒的朋友，只有永恒的利益"，也就是"利益为先"，看似毫无原则，其实这就是美国的原则；二是侵略性基因，完全不同于中国传统中的中庸和谐思想，这就是美国与中国的文化冲突。网络霸权已经成为美国的新的文化特征，与网络巨头联手对全球网络信息进行监控。现在有一些中国人很信奉美国的所谓的民主制度和自由精神，其实无数事实证明，美国的自由民主是很虚伪的，是建立在对自己国家有利的基础之上的。针对网络霸权，美国的一些盟友如法国、德国都很反感，要求在网络数据管理等方面对网络巨头加以规范，这种合理的要求却被美国斥之为"保护主义"。在美国的网络霸权面前，我国必须将网络安全上升为国家安全，提升安全级别和等级，制定安全策略，以维护自身利益。

"互联网+"必然使互联网的运用更加深入广泛，为了保证安全性，必须制定网络安全法规，关注网络安全迫在眉睫，势在必行。网络安全方面，美国制定许多政策和法规，如《网络空间国家战略》《网络空间政策评估报告》《网络空间可信身份标识战略》《网络空间国际战略》等，其他一些经济发达国家也都制定了网络安全法规，如瑞典的《改善瑞典网络安全战略》，德国的《信息基础设施保护国家计划》，欧盟委员会的《网络安全战略：一个开放、可信、安全的网络空间》。韩国、日本等国也都制定了网络安全条规。

我国值此"互联网+"的风口浪尖，应尽快制定有关政策法规，确保我国的网络安全。网络安全就是如何防范黑客入侵盗取企业和国家的重要资料，防范网络攻击致使网络瘫痪，预防网络泄密等。国家应该做好顶层设计，出台《网络安全法》，从政策和技术双层面下手，确实保证网络时代的安全性。如今每年都会发生重大网络攻击事件，安全问题刻不容缓。

扶持 IT 企业走向世界

2013 年两会上，马化腾提出关于互联网发展的三项提案，包括规划互联网发展战略和建议将互联网企业"走出去"提升为国家战略。并提出四点建议：国家应积极参与国际规则和安全标准的制定；加强对互联网企业"走出去"的政策扶持；国家扶持互联网新产品的应用推广，鼓励互联网企业创新；加强政府的服务职能，为互联网企业"走出去"提供政策指导和信息渠道。

2014 年 11 月 18 日，首届世界互联网大会在浙江乌镇召开，标志着中国互联网企业"走出去"战略已经事实上落地。世界互联网大会不仅体现出国内互联网企业的成长壮大、中国的责任与担当，更为中国与世界互联互通搭建国际平台，也为国际互联网共享共治搭建中国平台，让全世界互联网巨头集聚一堂，交流探索、共谋发展。中国互联网企业已经由弱到强，由内到外再到内，主动承担其改造国内传统产业结构，助力中国经济发展的历史使命。

由于互联网最早诞生于美国，所以在互联网领域，美国拥有许多绝对的主导权。国际域名解析服务器主要在美国，欧洲也有一台。不过最近几年来，全球网络业发展十分迅速，互联网的管理机制越来越庞大和复杂化。2014 年 3 月 14 日，美国表示要"稀释"国际域名管理权，放权给全球"利益相关"者。这是网络国际化的必然结果，也是美国无法永远"一家独大"的必然发展趋势。国际互联网治理结构更加开放，各国之间的合作更加广泛。对于我国互联网来说无疑是一个好机会，国家应该制定相关鼓励和支持的政策，使中国互联网以开放的姿态进入全世界。积极主动参与全球互联网规则的制定当中去，主动发声，在互联网国际治理过程中有所作为。

积极参与国际互联网行业也应该成为国家"互联网+"行动的一项内容，鼓励我国有关企业走出去，积极参加 ICANN（互联网名称与数字地址分配机构）活动，扩大国际影响力。ICANN 是个国际性非营利机构，设有公众论坛等，ISP（互联网服务提供商）和各类机构也可以加入 ICANN 支持组织或者咨询委员会，参与国际域名的管理等。我国互联网业要持续发展，必须进入国际化的大环境中，根据我国的实际情况进行运作，主动与世界上所有国家和组织进行互动，通过组织和参与相关活动，抬升规则制定权。被动应对、消极逃避和闭关锁国肯定不利于我国互联网业的发展。国家要像扶持其他产业一样，扶持我国互联网业跨出国门走向世界。

建立个人信息保护制度

网络时代的电话营销及其他手段的营销使公民个人信息资料成为了某些人手里用以牟利的高价值情报信息，垃圾短信、骚扰电话、套用别人信息谋取私利等现象屡禁不止，不但普遍，而且严重。其症结在于没有法规依据，无法监管惩处，在利益的驱使下造成个人信息得不到有效保护的局面。

进入"互联网+"时代，大数据开发应用势在必行，对于个人信息资料的保护继续加强，不能让私密个人资料信息成为一些人牟利的大数据的一部分。这个问题各国都在重视，都在出台相关法规。俄罗斯规定，凡是收集本国公民个人信息资料的公司，即便是收集，也必须将其储放在俄罗斯境内，不得"出国"。欧美一些国家关于"被遗忘权"的争论已经持续很长时间了，争论还在继续。毫无疑问，保护个人信息资料是互联网时代必须重视的问题。

目前为止，我国没有系统的单独的关于保护个人信息资料的政策法规，也没有专属监督检查惩处相关责任人的职能部门，个人信息事实上完全得不到什么保护，个人信息保护仅仅处于呼吁阶段。国家应该研究这方面的政策，公民的个人信息与知识产权等一样，应该受到法律的严格保护，不容侵犯，否则必然会对互联网事业造成伤害。个人信息保护制度应该明确监管机构，制定各个行业应尽到的职责，规定惩处措施，对于拿公民个人信息资料谋取私利的人要予以严肃处理。互联网时代个人信息安全需要三管齐下，一方面教育公民确实保护好自己的个人信息，另一方面对于那些"个人信息处理者"加大管理和处罚力度，最重要的是国家要出台操作性强的个人信息保护法规。

由监管向治理转变

"互联网+"的基础是互联网，前提是健康的互联网，才能实现"+"之后的好效果。"互联网+传统行业"的两大基因一是互联网，二是创同行业，这两大基因都要健康，"+"到一起后才能实现"1+1>2"的效果。互联网的健康要靠政府的引导和监管，更要依靠"自成长"和"自修复"的能力。尤其我国现在实行的是市场经济，不同于计划经济，主要依靠市场的力量使互联网行业朝着正确的方向发展。政府固然需要监管，但

更需要互联网的综合治理。

监管与治理的概念不同，监管是包含在治理的概念里面的，是治理中的一项内容而已。许多人对于监管比较重视，提得比较多，对于互联网的治理则相对很少提及。监管是"政府之手"起作用，而治理是"政府之手"和"市场之手"同时起作用。治理需要多元化多层次多角度施以作用力，最终达到一种平衡受力的和谐的状态——政府放心、企业舒适、消费者满意。

互联网行业由监管向治理转变，初始力还得靠政府，在我国经济体制中，政府毕竟仍然是主动的一方强势的一方。政府要通过立法强化市场竞争机制，让企业在市场竞争中发展壮大。让市场说了算，而不是政府说了算。政府监管不能过细，否则会抑制市场的活跃性和创造力。新一届政府理政后，大力取消和下放审批权限，这项举措强调市场的主体作用，不但对反腐有利，而且也更有利于社会资源的市场选择性和自由流动性。

在互联网的综合治理中，对于重大问题政府需以法规的形式予以施力，企业自我治理的基本思路是：在遵守政府规定的大方向的前提下，以提升市场存在力为导向，修正企业的经营管理，使企业更具有竞争力。在综合治理过程中，消费者的作用也很大。市场因为消费者而存在，消费者是企业的上帝，作为上帝的消费者才是企业真正的促动力量。

适度放宽市场准入条件

数据显示，2014 年，微信拉动了 952 亿元的信息消费，相当于 2014 年中国信息消费总规模的 3.4％，带动社会就业 1007 万人。可见新生事物的经济效应很强大，互联网时代是新生事物层出不穷的时代，政府在强化监管的同时，也要适当放宽新生事物进入商业主渠道的限制，为创新多开绿灯少些红灯。把新生事物的生存权交由市场去检验和批判，而不要由政府说了算。宽松的政策环境才能激发群众性创新的热潮。政府对于新生事物的管理不要条块分割，各说各的但谁都不做主，要形成联动处置的市场监管合力。放宽准入条件相当于鼓励创新，与国家设立400亿元新兴产业创业投资引导基金的作用是一样的，都是为产业创新加油助力，给新生事物更大的孵化空间，创造更多的发展机会。

CIO：企业互联网官

CEO（首席执行官）、CMO（首席媒体官）、CXO（首席探索官）这些缩写的含义人们都了解，但CIO恐怕许多人都说不清怎么回事。将来的企业是网络化的企业，CIO必将成为常设职位。CIO是Chief Internet Officer的缩写，意思是首席互联网官，是企业专门负责联网化管理的专设职位。现在有些企业也设有CIO，但是其职责是保证企业的竞争力不会受到互联网化浪潮的冲击，使企业在市场竞争中持续保持强有力的竞争力，主要业务是运用互联网化的方法对产品及其运营、营销、服务等方面进行优化，提升产品在各环节的竞争能力。许多企业甚至将该职位编在销售部门，认为互联网仅仅与产品营销有关而与其他部门没有关系。

企业网络化完成之后，或者在企业网络化的进程中，需要有人专门负责与之相关的业务，比如，如何将企业与网络相连接，如何利用互联网更有效地为企业服务。未来的企业网络会像水电一样成为产品生产过程中的

常规元素，企业的整个管理环节都会有互联网的介入。但互联网与水电又有本质的区别，水电可以由物业来管理，有问题找物业就可以，但互联网重要的在于在企业的运用，硬件问题可以找网络公司，但是如何运用互联网则完全是企业自己的事情。于是有人提出首席互联网官的职位概念。这一概念不仅仅是企业的组织编制问题，而是企业顺应网络化发展趋势的需要和必然结果，是企业为了更好地在互联网化的建设和发展中把握机遇，以获取优势而设置的专门高级管理人员。